1965年8月,中心站气象站全体人员合影。
(前排左起依次为陆明达、孙福中、马钰,后排左起依次为陈树章、卜宪奎、徐旭初、汪锦霓)

1985年,中心站气象站全体人员合影。
(前排左起依次为王湘源、邓小聪、陈学义、董步礼、州局史宗科、州局王求真、州局张远光;后排左起依次为沙玉英、国莉芸、钱律、石金雄、李卫、华贡加、万民安、李悟林、裘健)

1985年中心站气象站
观测场一角

1985年中心站气象站观测场全景

1985年中心站气象站
观测场一角

1986年初冬，易智勇在中心站气象站

1986年，中心站气象站全站职工合影。（前排左起坎卓吉、乔兰措、卓玛措，中排左起廖桂林、万民安、蔡占文、裘健、易智勇，后排左起张茂、李葵花、陈雅慧、吕辉、薛江）

1987年10月，编写《玛沁县牧业气候区划》时卜宪奎在尼卓玛山留影

1987年，易智勇在中心站气象站地面值班室值班

1988年3月中心站观测场全景

1988年，州局业务大检查全体人员合影。（前排左起李葵花、乔兰措、坎卓吉、吕辉，中排左起王进和、任志权、肖建辉、袁得鹏、郭林、易智勇、汤建新、张强，后排左起石金雄、张茂、郭志云、奚伯骅、王求真、蔡占文、苏炯、贺海成、张宗贵）

1990年6月，国家气象局副司长温克刚在青海省气象局司长徐建伟和果洛藏族自治州气象局局长刘长德的陪同下到中心站气象站检查指导工作。
（前排左起李玉花、乔兰措、吕辉、卓玛措、严发秀，中排左起张茂、王世荣、州农牧局工作人员、李光佩、温克刚、徐建伟、刘长德、毛学诗，后排左起郭林、袁得鹏、苏炯、邓小聪、张强、康俊生、田常有、司机、祁先林、随从人员）

1994年8月，中心站气象站人员合影。
（前排尕才，中排左起王国平、张强、程海林、谢日措、祁先林、洪卓华，后排王万贞）

1995年10月，果洛藏族自治州气象局油机维修组与中心站气象站人员合影。
（左起康永军、洪卓华、山嶷、刘中策、王国平、尕才、李雨瑛）

1996年8月,青海省气象局副局长宗曼晔在果洛藏族自治州气象局局长塔巴扎西的陪同下,到中心站气象站检查工作。
(前排左起王国祯、洪卓华、宗曼晔、郑英贤、毛学诗、景玉珍,后排左起康永军、杨宏伟、李雨瑛、塔巴扎西、蔡占文、马海斌、范增让、李加洛)

1996年10月,中心站气象站全体人员合影。
(左起康永军、洪卓华、郑英贤、李雨瑛、窦花)

1998年,李加洛、山嶷、李雨瑛中心站合影

2008年2月26日,青海省副省长邓本太在优云乡雪灾现场

2008年优云乡雪灾

2015年8月,中心站气象站同事相聚广东省湛江市。(左起张宗贵、蔡占文、廖桂林、韦政)

中心站气象站办公室右侧(拍摄于2009年)

中心站气象站大门、石围墙（拍摄于2009年）

观测平台

1986年，李卫、邓小聪、张宗贵在西宁

1987年，女职工在1983年青海省气象局给牧区站配发的玻璃温室前合影。（左起坎卓吉、吕辉、卓玛措、李葵花、乔兰措）

1986年，中心站气象站观测员合影。（左起李卫、蔡占文、张宗贵、邓小聪、李学文）

中心站气象站石砌宿舍正面（拍摄于 2009 年）

易智勇草原春游

张宗贵在中心站气象站值班室值地面班

廖桂林在青海省气象局

尘封的记忆

——纪念青海省中心站气象站撤站20周年

主编 ◎ 山嶷

副主编 ◎ 铁顺富　刘中策　易智勇

气象出版社
China Meteorological Press

图书在版编目(CIP)数据

尘封的记忆:纪念青海省中心站气象站撤站20周年/山嵬主编.--北京:气象出版社,2019.7
ISBN 978-7-5029-6915-8

Ⅰ.①尘… Ⅱ.①山… Ⅲ.①气象观测 Ⅳ.①P41

中国版本图书馆CIP数据核字(2019)第159056号

Chenfeng de Jiyi——Jinian Qinghaisheng Zhongxinzhan Qixiangzhan Chezhan 20 Zhounian

尘封的记忆——纪念青海省中心站气象站撤站20周年

出版发行:气象出版社	
地　　址:北京市海淀区中关村南大街46号	邮政编码:100081
电　　话:010-68407112(总编室) 010-68408042(发行部)	
网　　址:http://www.qxcbs.com	E - mail:qxcbs@cma.gov.cn
责任编辑:王鸿雁	终　　审:吴晓鹏
封面设计:楠竹文化	责任技编:赵相宁
印　　刷:三河市君旺印务有限公司	
开　　本:710 mm×1000 mm 1/16	印　　张:12
字　　数:184千字	彩　　插:4
版　　次:2019年7月第1版	印　　次:2019年7月第1次印刷
定　　价:41.00元	

本书如存在文字不清、漏印以及缺页、倒页、脱页等,请与本社发行部联系调换。

前　言

曾经有一个叫中心站气象站的小站,它位于青海省果洛藏族自治州玛沁县西部的优云乡人民政府驻地中心站,海拔4211.1米,在如今的气象工作者视野里已不复存在,在二十世纪六七十年代的气象工作者记忆里却已尘封许久,因自然环境艰苦,加之工作生活条件差,它的历史使命已结束20多年了。

2017年3月,刘中策编纂《青海省志·气象志(1986—2005年)》时,在资料收集过程中,发现中心站气象站曾经存在了38年,几代气象人前赴后继,为它奋斗,艰辛工作,积累了宝贵的气象资料,不能让它在我们记忆里永远尘封下去。

值此中心站气象站撤站20年之际,利用几代气象人多年积累的气象资料和一些研究成果,编写一部集沿革、气候特征、气候资源、气象灾害、往事等为一体的书,才是我们对这段尘封的历史最好的记忆,同时也能让社会各界对玛沁县西部四乡的气候特征、气候资源、气象灾害等情况有所认识和了解,为生态文明建设提供参考和借鉴。

在青海省气象局观测与网络处和省气象科技档案馆的支持下,编者收集到了1986年以前的台站档案和38年的气象资料。易智勇同志对资料进行了整理,撰写了气象站沿革、气象业务、历史上的气象灾害、中心站大事记和中心站获得过的奖励等章节,并对气象资料进行了统计和分析;刘中策同志对资料进行梳理、分析和编排,撰写了自然地理概况、气候特征、畜牧业生产与气候、主要气象灾害及防御这几部分内容;省气象科学研究所肖建设同志提供了玛沁县基础地理信息数据,刘中策同志进行了制图;省气象科学研究所颜亮东同志对畜牧业生产与气候的内容进行了审查和完善;省气象局办公室郭志云同志提出了宝贵的意见;铁顺富、山巍、刘中策和易智勇同志对全文进行了审核和校改;最后在青海省气象学会、青海省气象局办公室、青海省气象灾害防御技术中心和青海省气象科学研究所的支持下得以出版发行。

编写这本书,只为记住或收藏这段青春、这段生活、这段历史,成书过程中得到了许多部门和同仁的支持协助,我们在此一并表示感谢。由于时间紧、内容涉及面广、搜集范围有限,编写中出现的谬误与不足在所难免,诚望批评指正。

编者
2017 年 12 月

目　　录

前言

第一章　自然地理概况 …………………………………………… 1

第二章　气象站沿革 ……………………………………………… 3

　第一节　地理位置 ………………………………………………… 3
　第二节　始建情况 ………………………………………………… 3
　第三节　迁移情况 ………………………………………………… 3
　第四节　历史沿革 ………………………………………………… 4
　第五节　管理体制、机构设置与人员状况 ……………………… 4

第三章　气象业务 ………………………………………………… 6

　第一节　地面气象观测 …………………………………………… 6
　第二节　气象通信 ………………………………………………… 6
　第三节　气象报表 ………………………………………………… 6

第四章　气候特征 ………………………………………………… 8

　第一节　气候特点 ………………………………………………… 8
　第二节　气象要素 ………………………………………………… 8
　第三节　气候变化 ………………………………………………… 18
　第四节　气候资源 ………………………………………………… 29

第五章　畜牧业生产与气候 ……………………………………… 35

　第一节　牧草生长发育与气象 …………………………………… 35

| 第二节 牧草与气候 | 36 |
| 第三节 牲畜与气候 | 38 |

第六章 主要气象灾害及防御 ……………………………… 45

第一节 雪灾 …………………………………………… 45
第二节 干旱 …………………………………………… 46
第三节 雷电灾害 ……………………………………… 47
第四节 暴雨、洪涝灾害 ……………………………… 49
第五节 大风灾害 ……………………………………… 51
第六节 沙尘暴灾害 …………………………………… 52
第七节 冰雹灾害 ……………………………………… 53
第八节 道路结冰 ……………………………………… 54
第九节 草原火灾 ……………………………………… 55
第十节 草原毛虫 ……………………………………… 57

第七章 历史上的气象灾害 ………………………………… 59

第一节 雪灾 …………………………………………… 59
第二节 干旱 …………………………………………… 61
第三节 暴雨、洪涝灾害 ……………………………… 62
第四节 低温冷害、寒潮、强降温 …………………… 62

第八章 中心站气象站大事记及奖励 ……………………… 63

第一节 大事记 ………………………………………… 63
第二节 获得过的奖励 ………………………………… 63

第九章 小站往事 …………………………………………… 66

邀请书 …………………………………………………… 66
果洛州气象局全体员工给颜宏副局长的一封信 ……… 67
中国气象局颜宏副局长给果洛州气象局的回信 ……… 72

一份尘封55年的入党志愿书(徐旭初) ……… 73
往事回忆(卜宪奎) ……… 82
记事(马钰) ……… 98
我与中心站二三事(郭志云) ……… 104
我在中心站所经历的趣事(郭仁先) ……… 107
小站的水井(蔡占文) ……… 110
雪山脚下风雨情(铁顺富) ……… 111
短暂的停靠　永久的回忆(魏国志) ……… 116
回忆中心站(刘长德) ……… 118
中心站散记(易智勇) ……… 121
我的第二故乡(张强) ……… 126
小站的记忆(刘中策) ……… 131
冒生命危险赶赴单位上班(李雨瑛) ……… 153
追忆(山巍) ……… 156
在雪山的四天三夜(山巍　李雨瑛) ……… 161
一次难忘的气象服务(尼亚) ……… 165
峥嵘岁月里孕育着的"气象梦"(胡长元) ……… 167

附录 ……… 171

附表1　1959—1997年中心站气象站人员表 ……… 171
附表2　经纬度与海拔高度变更表 ……… 175
附表3　观测项目变更表 ……… 176

后记 ……… 179

第一章 自然地理概况

中心站气象站地处青海省果洛藏族自治州玛沁县优云乡人民政府驻地中心站。优云乡位于玛沁县县境西部，99°02′~99°30′E，33°52′~34°30′N，东与大武乡接壤，南与当洛乡毗连，西与达日县特合土乡隔黄河相望，北与昌马河乡相连，西北和玛多县黄河乡为邻。境内地形以高原山地为主，山峦叠嶂，沟壑纵深，呈高山冰原、高山草甸及裸露性地貌，北部地区呈干旱草原、半荒漠和草原草甸地貌，构成了东北高而西南低的地势特征；阿尼玛卿雪山逶迤于东北部，北部以阿尼玛卿雪山为分水岭，发源于阿尼玛卿雪山下的黄河支流水系优尔曲，流经昌马河乡后向东进入优云乡境内，并由优云乡政府西面向南注入黄河。

1952年玛沁地区解放，1957年设置玛沁县，中心站曾是玛沁县建政初的政府所在地。1961年设优云公社，1964年设中国共产党玛沁县依盖奇工作委员会（简称"工委"，辖昌马河、优云、当洛、当项四乡社），1984年改设优云乡。土地面积1425.33平方千米，草场面积942平方千米，占全乡土地总面积的66.1%，可利用草场面积708平方千米，占草场面积的75.2%。海拔4500米以上的高山多为侵蚀构成，岩石裸露，为基岩与变质岩，以粗细相间砂屑岩为主，寒冷风化作用强烈，属冻蚀地形发育；丘陵分布在境内高山之间，相对高度仅在几十米之间，坡度较平缓，山坡表面有植被覆盖；沿黄河河谷地带有沙丘分布。

高寒草甸类是境内天然草场的主要组成物种，分布广泛，草场的牧草种类繁多，绝大部分是多年生牧草。优势草种为莎草科嵩草属的小嵩草、矮嵩草、线叶嵩草、禾叶嵩草及苔草属的一种苔草，总覆盖率78%~90%。此类草场草质柔软多叶，营养成分高，适口性强，草场耐牧，是放牧藏绵羊的良好草场；沿黄河河谷沙丘地带，海拔3900~4200米的山地阳坡及滩地上有高寒草原类牧草分布；在沟脑、垭口、阴坡下部、沟谷滩地有甘肃嵩草、小嵩草、华扁穗草、早熟禾、发草、苔草等高寒沼泽类牧草分布，平均覆盖率52%左右；河谷滩地有少量零星灌丛分布，高层灌木以高山柳、金露梅、密枝杜鹃为主。灌丛平均高度0.6～1.0米，平均覆盖率30%～50%，伴生灌木种类有高山乡线菊、窄叶西番柳、鬼箭锦鸡儿、短叶锦鸡儿、忍冬、茶藨子、沙棘等。

境内有野牦牛、野驴、藏羚羊、岩羊、盘羊、雪豹、棕熊、黄羊、水獭、豹等野生动物，有黑颈鹤、天鹅、斑头雁、赤麻鸭、棕颈鸥、鹰、雕、鹫等珍禽和季节性鸟类。

优云乡政府驻地中心站距玛沁县政府所在地大武镇190千米，距达日县城80千米，距甘德县城110千米，下设三个村，分别是优曲、德当、阳桑。优云乡在玛沁县的地理位置见图1。

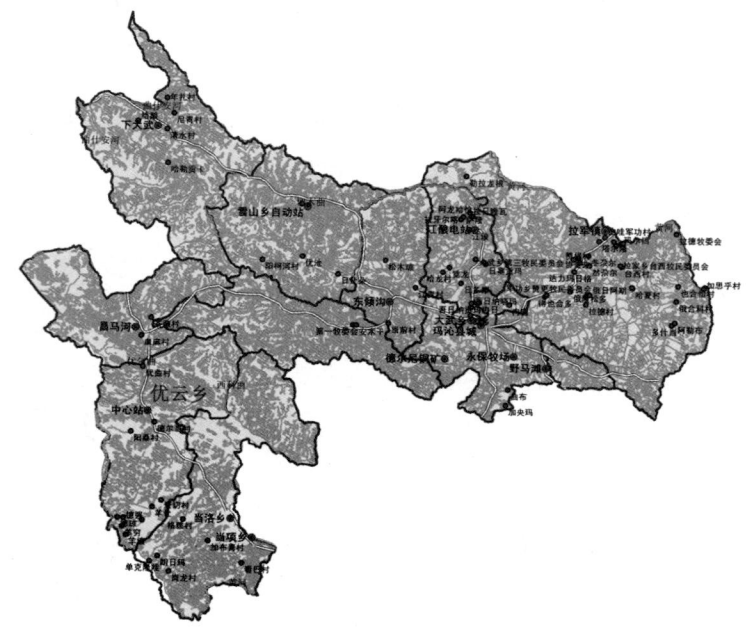

图1　优云乡在玛沁县地理位置

第二章 气象站沿革

第一节 地理位置

中心站气象站位于中心站北端,南面与乡政府相连;东面花吉公路从院门前通过,与民贸公司隔路相望;西面为河滩地,老观测场原址在其西南面;北邻优曲河。

第二节 始建情况

1959年6月7日,根据青海省气象局指示,中心站气象站建站人员到达建站地点进行筹建工作;8月1日,筹建工作就绪,进行实习观测;9月1日开始观测,同时建立通报站,与全省气象通报台站组成无线电通信网;10月1日开始编发四次天气报。站址为:果洛藏族自治州玛沁县中心站"草原",根据当时的测量结果,观测场位于99°01′E、34°29′N,海拔高度为4300米,属国家基本气象观测站,为一类艰苦气象台站。同年还组建了花石峡、大武、拉加寺、甘德气象站。

第三节 迁移情况

1965年6月前,气象站住宿与外贸公司一个院子,观测值班室在院子的西南角,门前为开阔地,30米左右为观测场;后外贸公司与民贸公司合并,外贸公司搬到公路对面的民贸公司大院。气象站购买外贸公司四间房屋和大院,因原观测场较远,为使工作方便,7月1日经青海省气象局同意而迁到原址东北方150米处。迁入新址后不久,测得观测场海拔高度为4211.1米。后来又测得观测场经纬度为90°12′E、34°16′N。经纬度与海拔高度变更情况与依据见附表2。

1982年9月1日,为加大与房屋之间的距离,经青海省气象局业务处同意,观测场向北移20米,向东移12.5米,直至撤站。

第四节 历史沿革

中心站气象站建站时名为仁侠姆气象站,地址是果洛藏族自治州玛沁县仁侠姆;1969年3月1日,更名为中心站气象站;1973年5月1日根据〔1972〕青革生农字第074号文件,省生产指挥部批复青海省气象局"统一站名的报告",更名为仁侠姆气象站;1982年1月1日,根据果洛州气象局〔1982〕果气字第16号《关于启用达日县等六枚印章的通知》,更名为玛沁县中心站气象站;1997年12月4日中国气象局《关于调整中心站、野牛沟两气象站测报任务的批复》(中气业发〔1997〕42号)和1997年12月24日青海省气象局《关于撤销中心站气象站的通知》(青气业发〔1997〕40号)文,自1998年1月1日撤销中心站,工作至1997年12月31日20时止。

第五节 管理体制、机构设置与人员状况

中心站气象站建站至1969年7月由青海省气象局直接领导,1973年5月开始受玛沁县人民政府和工作委员会领导;1980年起实行气象部门与地方政府双重领导,以气象部门为主的管理体制,这种管理体制一直延续至撤站。

中心站气象站原有机构为地面观测组和通信组,1991年5月通信组撤销。

中心站气象站建站时有13人,站长1人、观测员5人、报务员5

人、专职摇电员2人；撤站时职工6人，副站长1人、观测员5人。建站至撤站共有101人在中心站气象站工作过，期间人员变化情况见附录中的附表1。

第三章 气象业务

第一节 地面气象观测

1959年9月1日开始,中心站气象站每天进行01、07、13、19时(地方时,地方平均太阳时与北京时的时差为一1时23分)4次观测,昼夜守班;10月1日,开始编发05、14、17、20时4次天气报;观测项目有云、能见度、天气现象、空气的温度和湿度、气压、降水、风、雪深、日照。1960年8月,采用北京时每天进行02、08、14、20时4次观测。观测项目变更见附录中的附表3。

第二节 气象通信

中心站气象站建站时靠手摇发电机给电台供电,用摩尔斯电码发报。1985年12月7日,省气象局供应处配备5千瓦柴油发电机,用于业务工作和照明。1986年底,省气象局供应处配发一台12千瓦柴油发电机,保证了业务工作和生活用电,结束了手摇发电机给电台供电的历史。1987年12月,新增加一台12千瓦柴油发电机作为备份。1991年5月,建成了由PC-1500计算机、CE-158接口、TFM终端机及短波单边带电台组成的通信网络,结束了摩尔斯发报的历史,传输时效大大提高。

第三节 气象报表

1959年至1988年12月,地面气象记录月报表(气表-1,见图2)用手工编制,一式3份,上报国家气象局北京气象中心资料室和青海省气象局资料室各1份,留底1份;1989年1月起使用PC-1500计算机报送磁带至果洛州气象局,利用PC-1500计算机,通过CE-158接口与长城0520A型微机联机,将磁带中数据读取到PC-1500计算机中,再通过CE-158接口传送到长城0520A型微机中,进行质量检查、审核、改错和编制报表;根据1990年7月15日气资发〔1990〕9号文,省气象局气候资料室对台站微机编制地面报表作出规定,10月起只向省气象局气候资料室报送不作日、旬、月统计,不挑、不统计小表的气表-1简表,停止手工编制。省气象局气候资料室将台站报送的气表-1简表数据用微机键盘录入,并负责数据的校对、改错、审核和编制报表。

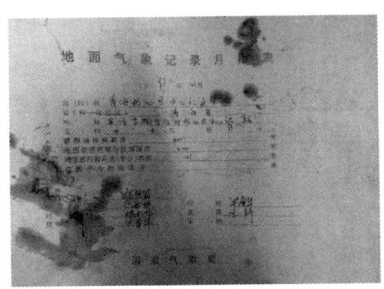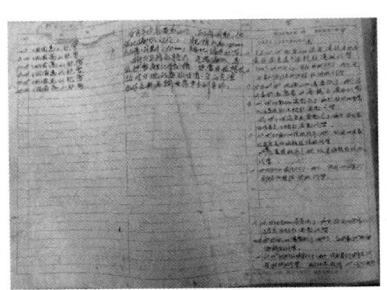

图2 地面气象记录月报表

1959—1990年,地面气象记录年报表(气表-21)用手工编制,一式3份,上报国家气象局北京气象中心资料室和青海省气象局资料室各1份,留底1份;1992年1月16日青海省气象局《关于微机编制〈地面气象记录年报表〉有关问题的通知》(气资发〔1992〕2号)要求,从1991年开始气表-21改由微机编制,台站于次年2月15日前只向省气象局气候资料室报送气表-21简表,内容包括封面、封底(包括本年天气气候概况、备注栏、现有仪器情况)。

1998年1月,停止报送气表-1简表,气表-21简表报至1997年。

第四章 气候特征

第一节 气候特点

优云乡天气多变,高寒缺氧,寒冷湿润,日照时间长、日温差大,冬春多大风;一年无明显四季之分,只有冷暖之别,冬季寒冷而漫长,时间长达九个月;春季干旱多风,夏秋季短而多雨,并常伴有暴雨和冰雹,无绝对无霜期,属高原大陆性半温润气候。气象站所在地年平均气温-3.9 ℃,极端最低为-41.4 ℃;年平均降水量459.9 mm,多集中在6—9月份;年平均日照时间为2580.2小时,年平均相对湿度66%,年平均大风日数82.4天,年平均沙尘日数2.0天,年平均冰雹日数13.0天,年平均雷暴日数57.6天。

第二节 气象要素

一、气压

1961—1997年,中心站年平均气压为608.9 hPa,极端最高气压为620.8 hPa(1990年11月9日),极端最低气压为590.9 hPa(1984年1月17日),见图3。

1961—1997年,平均气压的年内变化呈单峰单谷型,2月最低602.9 hPa,后逐月上升至9月升至峰值613.0 hPa,其后开始下降,见图4。

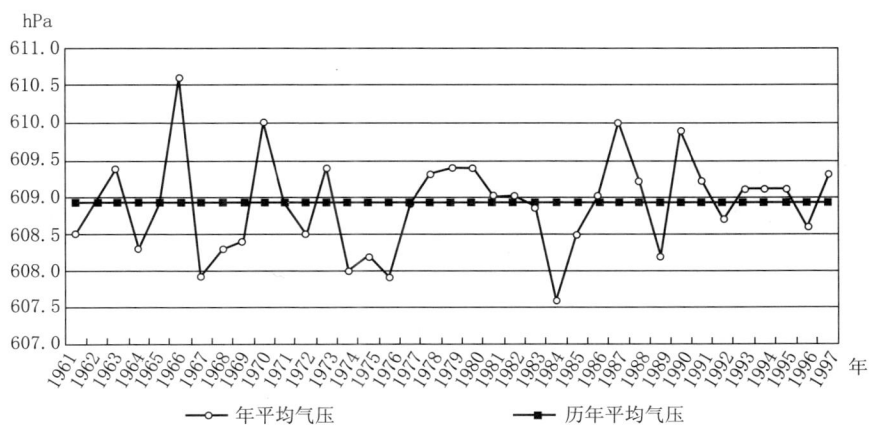

图3　1961—1997年年平均气压(hPa)变化曲线

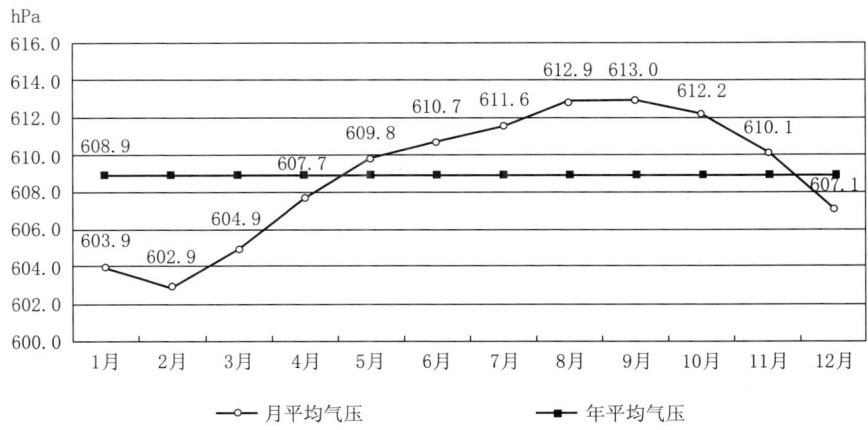

图4　1961—1997年各月平均气压(hPa)变化曲线

二、气温

1961—1997年,中心站年平均气温为−3.9 ℃,极端最高为23.5 ℃(1961年6月13日),极端最低为−41.4 ℃(1995年12月29日),见图5。

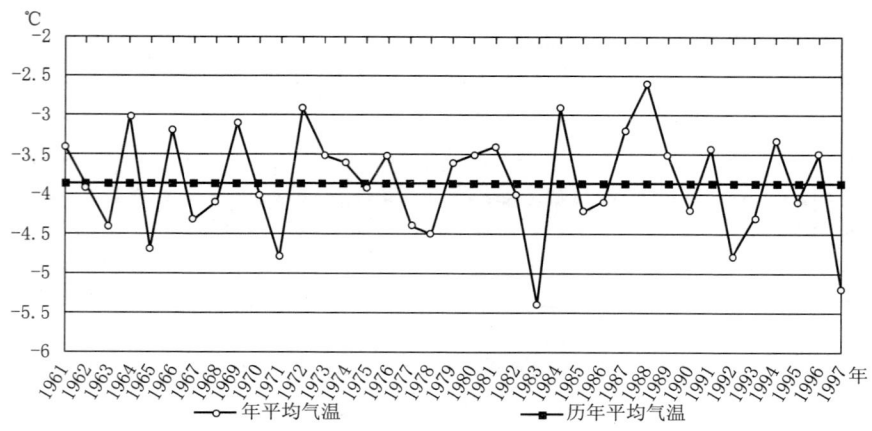

图 5　1961—1997 年年平均气温（℃）变化曲线

1961—1997 年，中心站平均气温的年内变化呈单峰型，1 月最低 −16.9 ℃，后逐月上升到 7 月升至峰值 7.5 ℃，其后开始下降，见图 6。

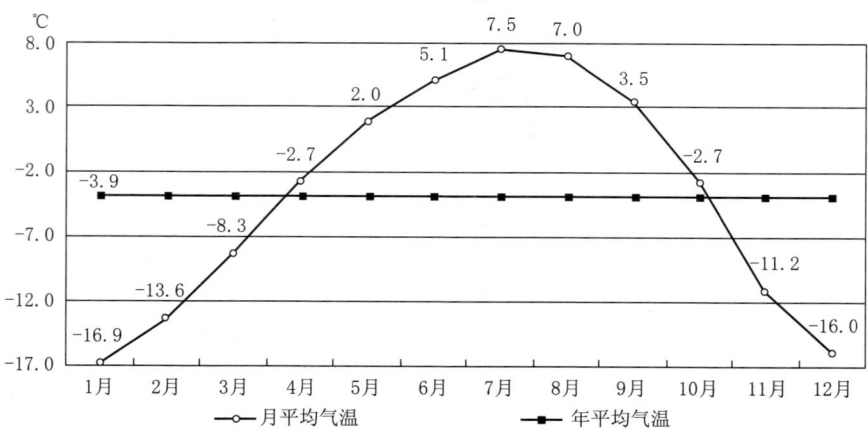

图 6　1961—1997 年各月平均气温（℃）变化曲线

最冷月（1 月）月平均最低值为 −21.9 ℃（1978 年），月平均最高值为 −13.7 ℃（1973 年）。最热月（7 月）月平均最低值为 5.1 ℃（1976 年），月平均最高值为 9.6 ℃（1972 年）。

三、降水量

1961—1997 年,中心站年平均降水量为 459.9 mm,最多为 633.6 mm(1989 年),最少为 344.6 mm(1962 年),见图 7。

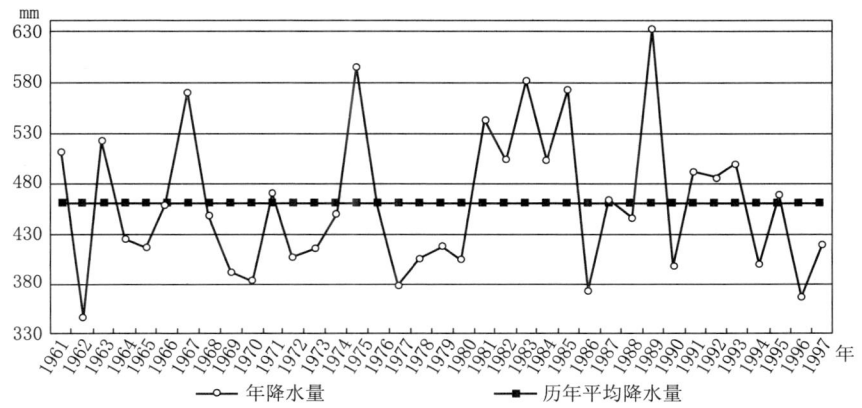

图 7　1961—1997 年年平均降水量(mm)变化曲线

1961—1997 年,中心站年平均降水≥0.1 mm 的日数为 158 天,最多为 210 天(1989 年),最少为 131 天(1962 年)。年平均降水量的年内变化呈单峰型分布,最多出现在 7 月,最少出现在 12 月,见图 8。

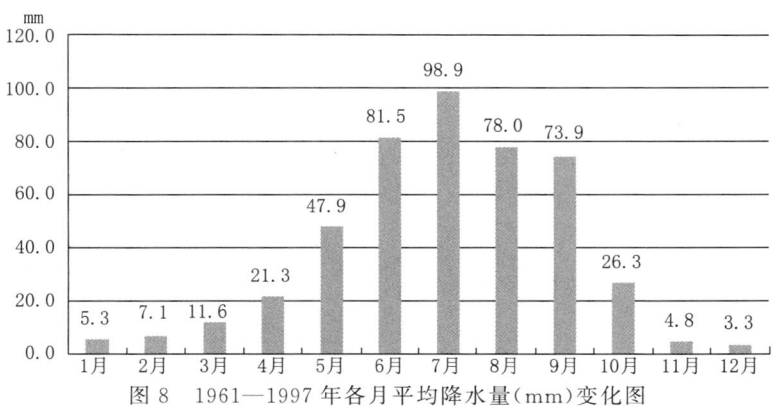

图 8　1961—1997 年各月平均降水量(mm)变化图

四、相对湿度

1961—1997年,中心站年平均相对湿度为66%,最大为71%(1993年、1995年),最小为60%(1969年、1970年),见图9。

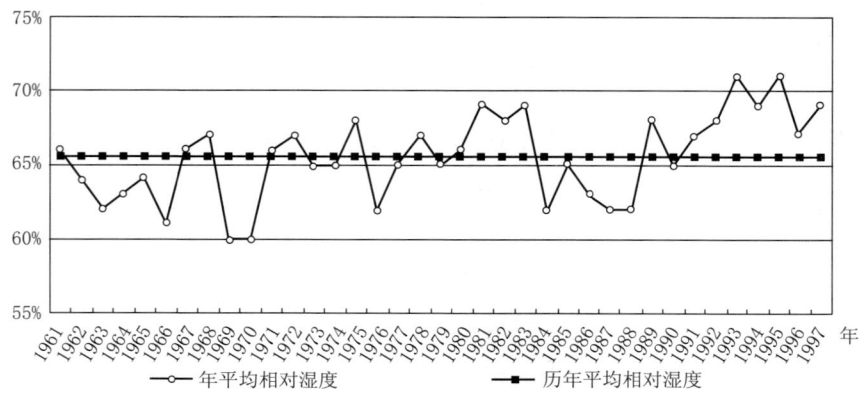

图9 1961—1997年年平均相对湿度(%)变化曲线

1961—1997年,中心站年平均相对湿度在年内呈双峰单谷型分布,最大值出现在9月为74%,次大值出现在7月为73%,最小值出现在3月为58%,见图10。

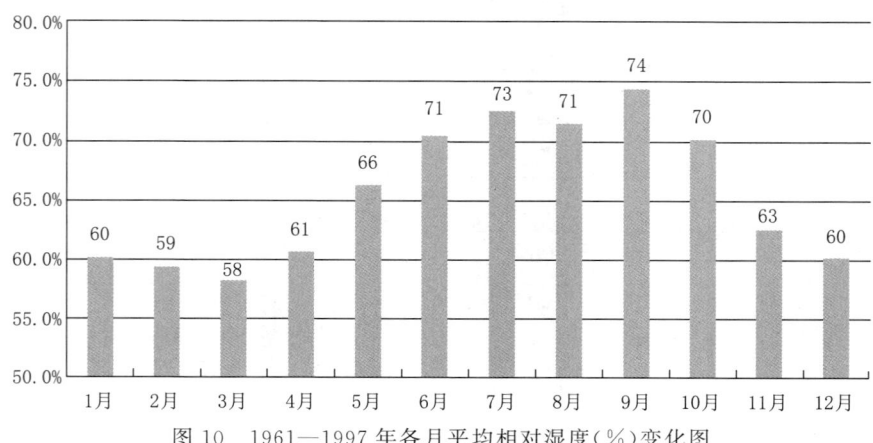

图10 1961—1997年各月平均相对湿度(%)变化图

五、风速

1961—1997 年,中心站年平均风速为 3.2 m/s,年平均风速最大为 3.9 m/s(1970 年),年平均风速最小为 2.3 m/s(1963 年),见图 11。最大风速出现在 1977 年 3 月 23 日为 27.3 m/s。

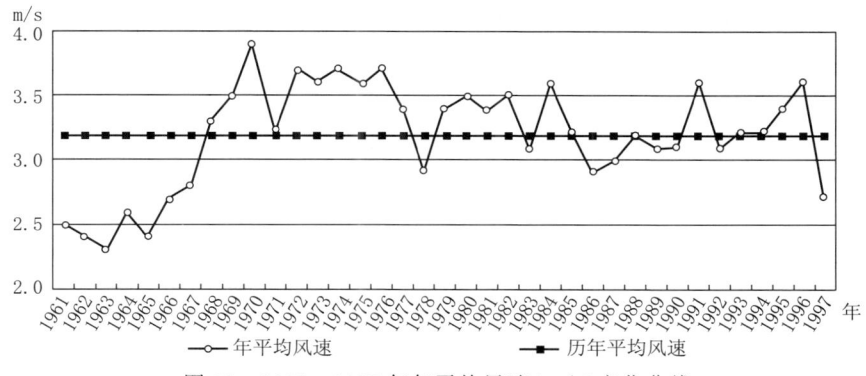

图 11 1961—1997 年年平均风速(m/s)变化曲线

1961—1997 年,年平均风速在年内呈单峰型,最大值出现在 3 月为 3.9 m/s,其后逐月下降,12 月最小为 2.6 m/s,见图 12。

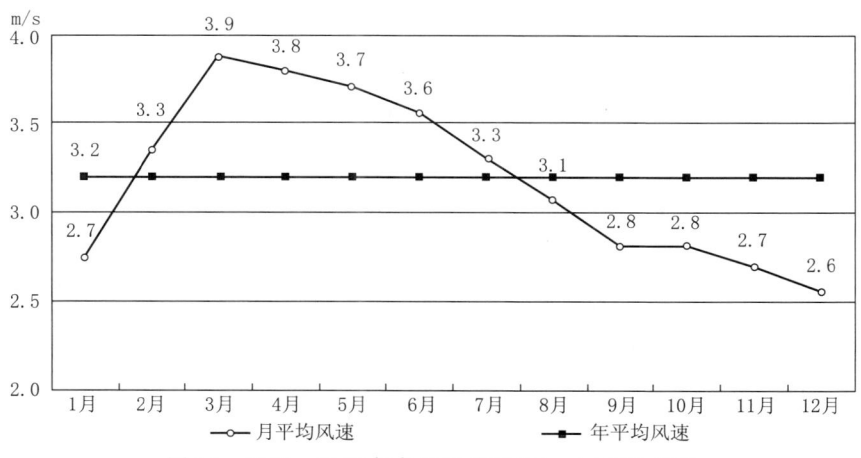

图 12 1961—1997 年各月平均风速(m/s)变化曲线

六、风向

1981—1997年,中心站最多风向为东风,风向频率为16.5%,次多风向为东东南风,风向频率为10.8%,其次为西西北风,风向频率为8.9%,见图13。

七、日照

1963—1997年,中心站年平均日照时数为2580.2h,最多为2696.7h(1978年),最小为2350.3h(1982年),见图14。

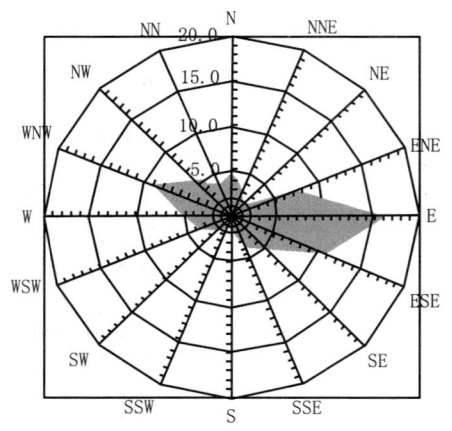

图13 1981—1997年平均风向频率(%)分布

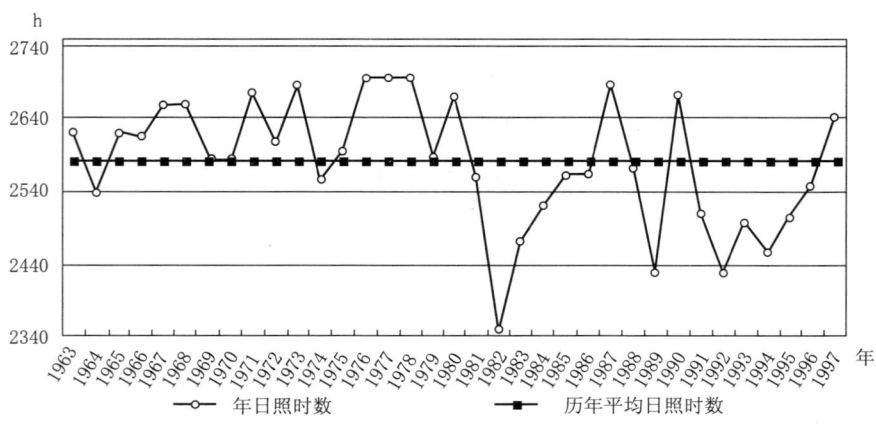

图14 1963—1997年年平均日照时数(h)变化曲线

1963—1997年,年平均日照时数在年内无明显的变化规律,最高值出现在5月为234.5h,次高值出现在4月为233.4h,最低值出现在2月为179.7h,次低值出现在9月为192.7h,见图15。

第四章 气候特征

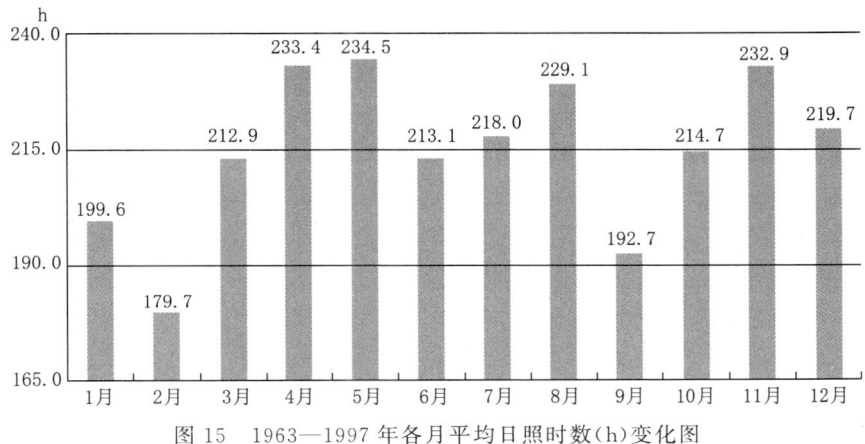

图 15　1963—1997 年各月平均日照时数(h)变化图

1963—1997 年,年平均日照百分率为 59％,最多为 62％(1976 年),最少为 54％(1982 年),见图 16。

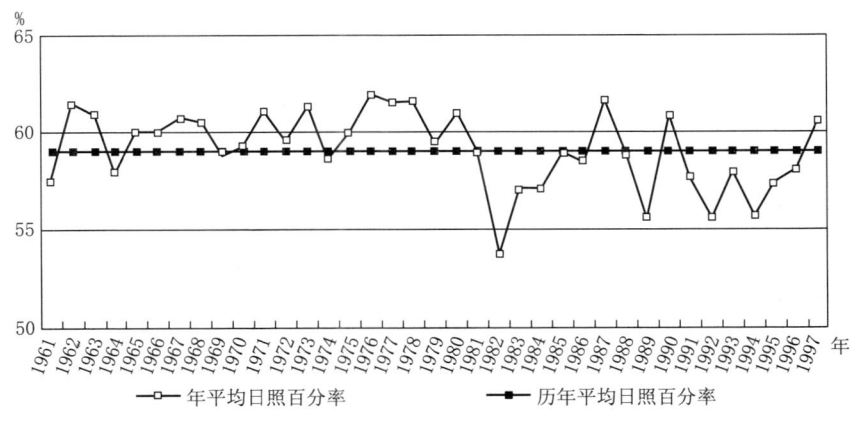

图 16　1963—1997 年年平均日照百分率(％)变化曲线

1963—1997 年,年平均日照百分率在年内无明显的变化规律,最高值出现在 11 月为 76％,12 月次高为 72％,最低值出现在 6 月为 49％,7 月次低为 50％,见图 17。

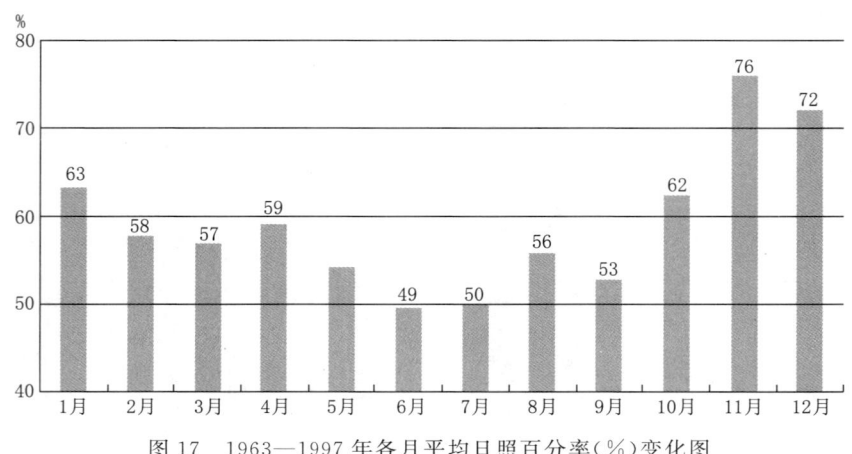

图17　1963—1997年各月平均日照百分率(%)变化图

八、蒸发量

1979—1997年,中心站年平均蒸发量为1102.6 mm,最大为1218.4 mm(1988年),最小为988.0 mm(1992年),见图18。

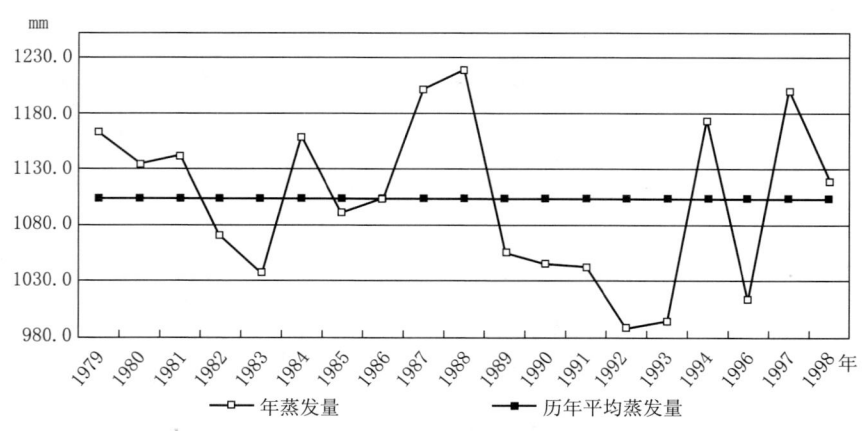

图18　1979—1997年年平均蒸发量(mm)变化曲线

1979—1997年,年平均蒸发量的年内变化呈单峰型,1月份最少为

34.1 mm,其后逐月上升到 7 月份达到峰值 148.5 mm,然后开始下降,见图 19。

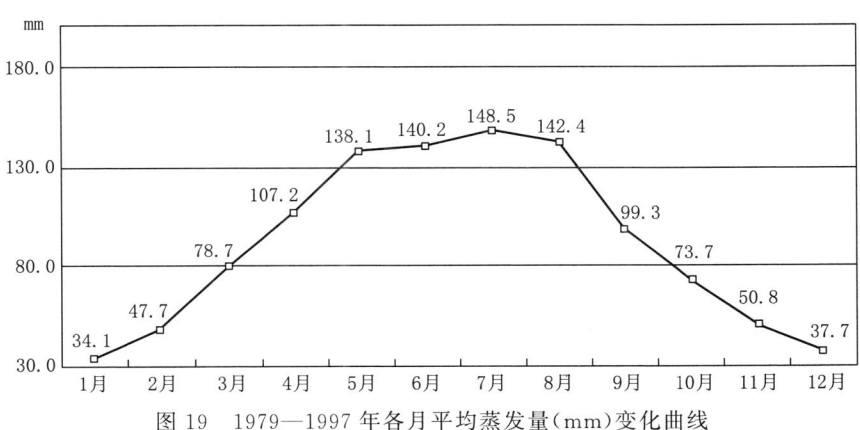

图 19　1979—1997 年各月平均蒸发量(mm)变化曲线

九、地面温度

1980—1997 年,中心站年平均地面温度为 −0.7 ℃,最高为 0.4 ℃(1988 年),最低为 −2.5 ℃(1983 年),见图 20。

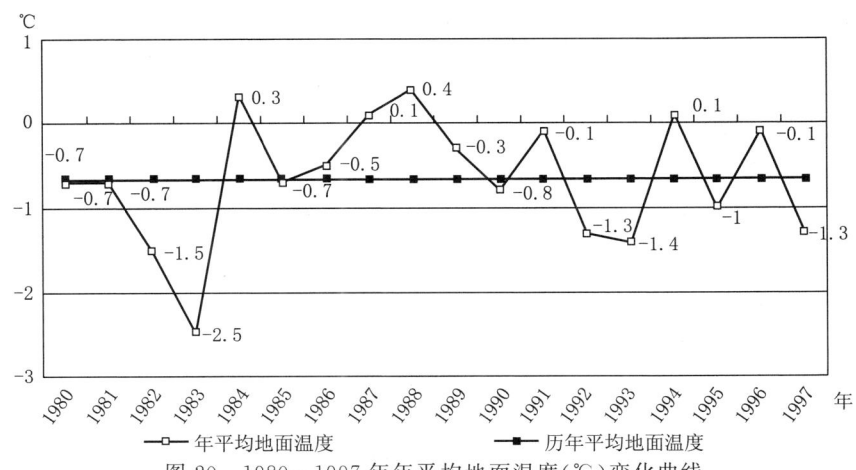

图 20　1980—1997 年年平均地面温度(℃)变化曲线

第三节 气候变化

一、气温变化

中心站年平均气温呈略降趋势,气候倾向率为－0.06 ℃/10 a,年平均气温最高的是1988年－2.6 ℃,最低是1983年为－5.4 ℃,年较差2.8 ℃,见图21。

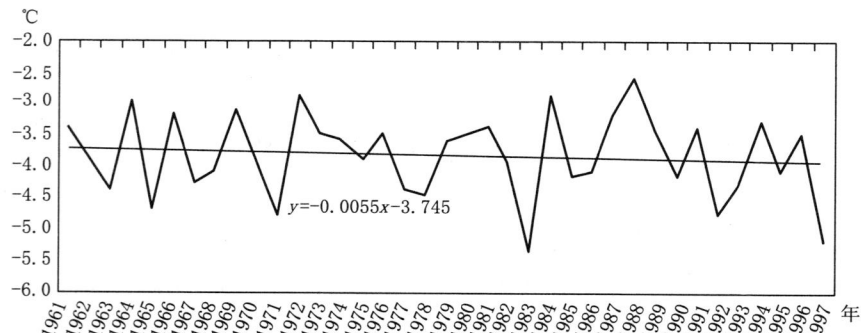

图21　1961—1997年年平均气温(℃)变化曲线

其中,1961—1970年,年平均气温变化不明显,气候倾向率为－0.04 ℃/10 a,年平均气温最高的是1964年－3.0 ℃,最低是1965年为－4.7 ℃,见图22。

1971—1980年,年平均气温变化不明显,气候倾向率为－0.01 ℃/10 a,年平均气温最高的是1972年－2.9 ℃,最低是1971年为－4.8 ℃,见图23。

1981—1990年,年平均气温呈升高趋势,气候倾向率为0.58 ℃/10 a,年平均气温最高的是1988年－2.6 ℃,最低是1983年为－5.4 ℃,见图24。

1991—1997年,年平均气温呈降低趋势,气候倾向率为－0.1 ℃/10 a,

第四章　气候特征

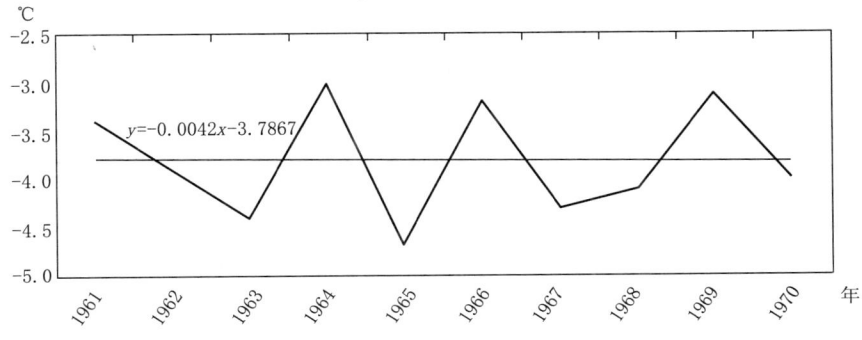

图 22　1961—1970 年年平均气温(℃)变化曲线

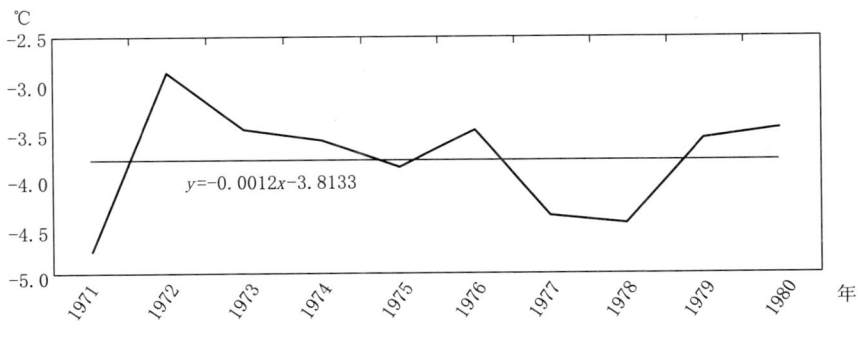

图 23　1971—1980 年年平均气温(℃)变化曲线

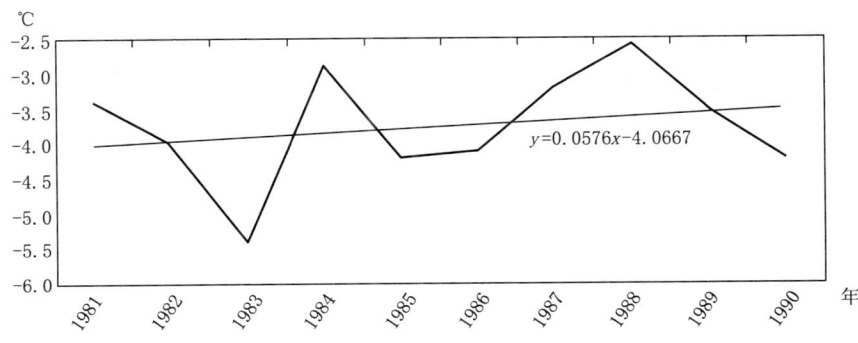

图 24　1981—1990 年年平均气温(℃)变化曲线

年平均气温最高的是1991年-3.4 ℃,最低是1997年为-5.2 ℃,见图25。

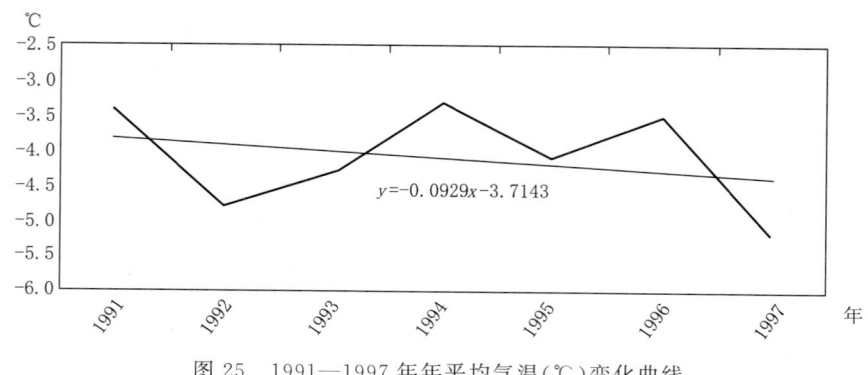

图25 1991—1997年年平均气温(℃)变化曲线

二、降水变化

1961—1997年,中心站年降水量总体呈微弱增多趋势,气候倾向率为3.9 mm/10 a,年较差289.0 mm。年际间波动较大,1981—1985年年降水量较多,对37年总降水趋势增多贡献率较大,1994—1997年较少,见图26。

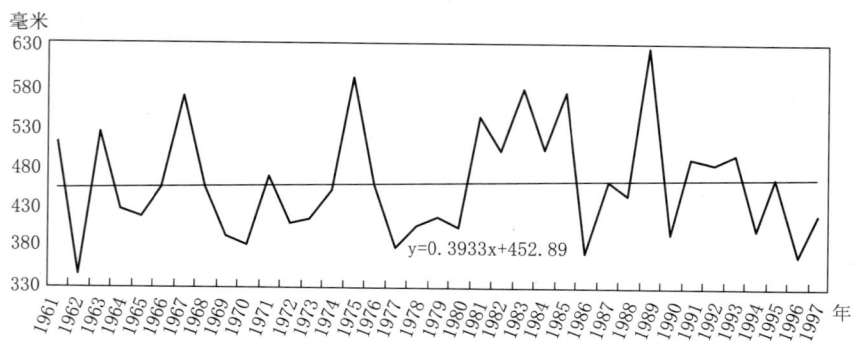

图26 1961—1997年年降水量(mm)变化曲线

其中,1961—1970 年,年降水量呈减少趋势,气候倾向率为 -45.6 mm/10 a,最多的是 1967 年为 571.0 mm,最少是 1962 年为 344.6 mm,年较差 226.4 mm,见图 27。

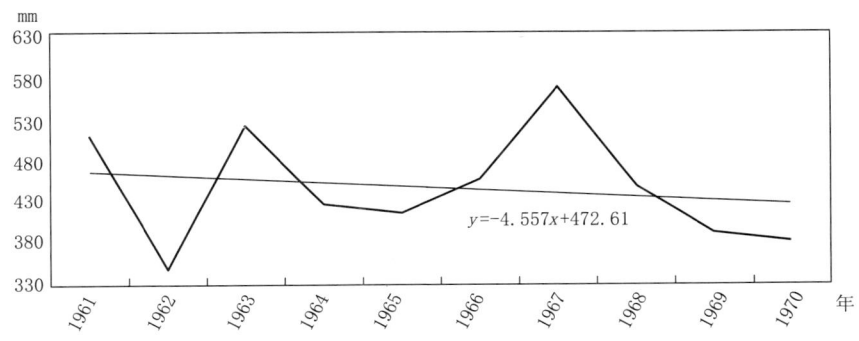

图 27　1961—1970 年年降水量(mm)变化曲线

1971—1980 年,年降水量呈减少趋势,气候倾向率为 -51.1 mm/10 a,最多的是 1975 年为 594.3 mm,最少是 1977 年为 378.8 mm,年较差 215.5 mm,见图 28。

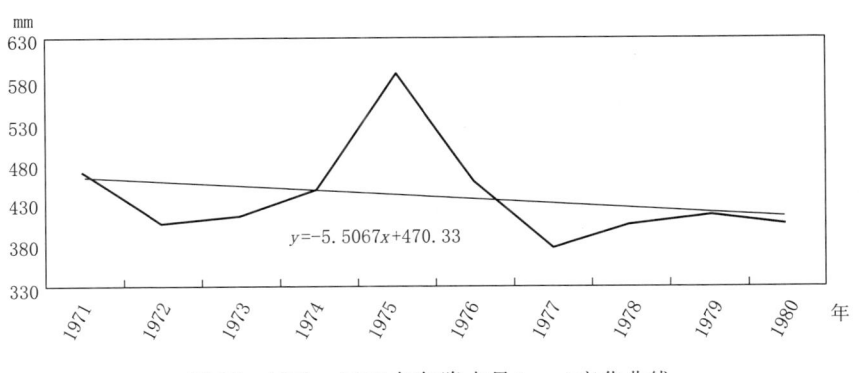

图 28　1971—1980 年年降水量(mm)变化曲线

1981—1990 年,年降水量呈减少趋势,气候倾向率为 -85.1 mm/10 a,最多的是 1989 年为 633.6 mm,最少是 1986 年为 370.5 mm,年较差

263.1 mm,见图 29。

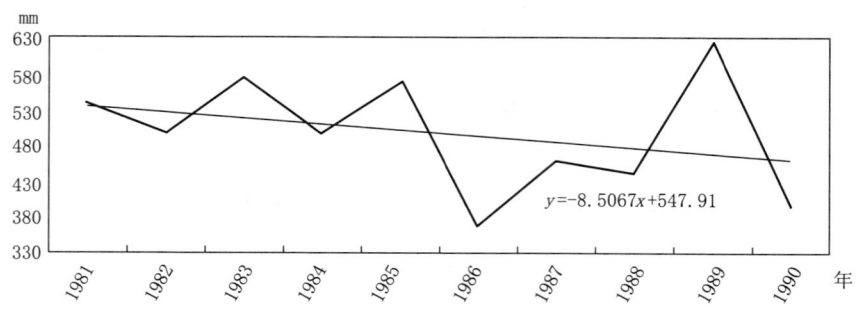

图 29　1981—1990 年年降水量(mm)变化曲线

1991—1997 年,年降水量呈减少趋势,气候倾向率为 −17.2 mm/10 a,最多的是 1993 年为 497.0 mm,最少是 1996 年为 366.4 mm,年较差 130.6 mm,见图 30。

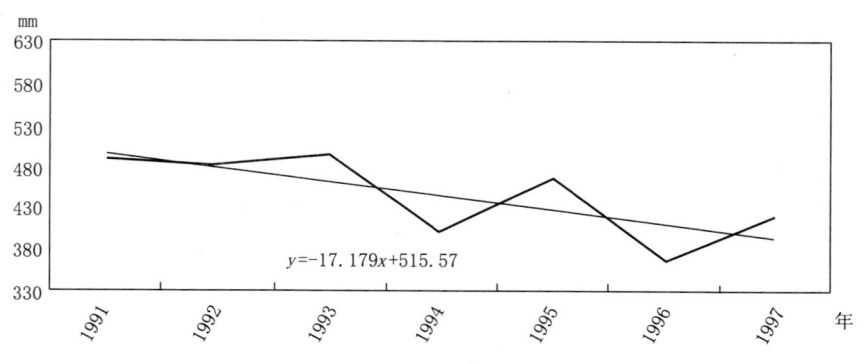

图 30　1991—1997 年年降水量(mm)变化曲线

三、风速变化

1961—1997 年,中心站年平均风速呈略增大趋势,气候倾向率为 0.1 m·s^{-1}·(10 a)$^{-1}$,年较差 1.6 m/s。1961—1967 年较小、1968—

1977年较大,见图31。

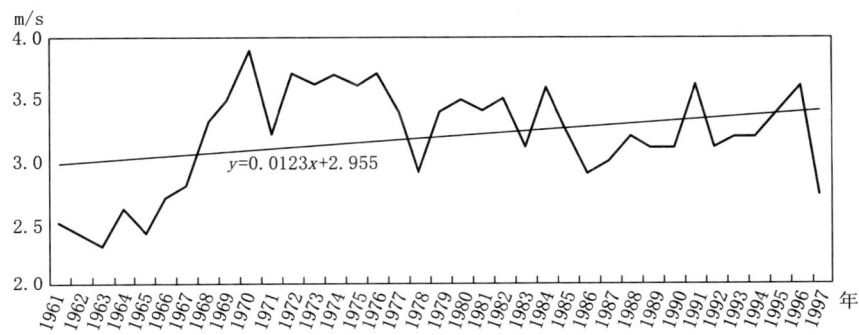

图31 1961—1997年年平均风速(m/s)变化曲线

其中,1961—1970年,年平均风速呈增大趋势,气候倾向率为 $1.6 \text{ m} \cdot \text{s}^{-1} \cdot (10 \text{ a})^{-1}$,最大的是1970年为3.9 m/s,最小是1963年为2.4 m/s,年较差1.5 m/s,见图32。

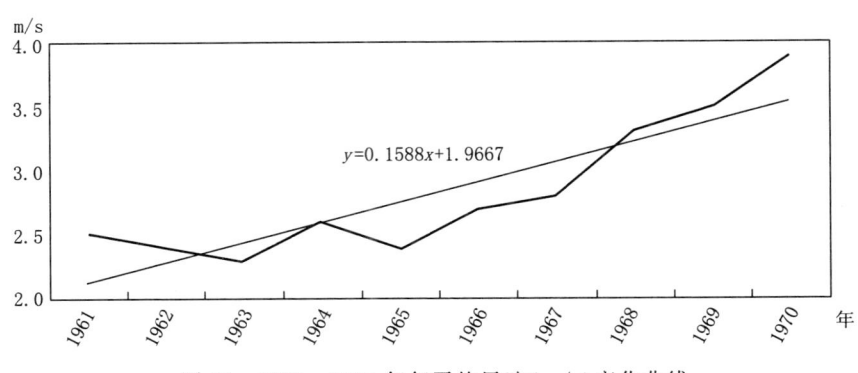

图32 1961—1970年年平均风速(m/s)变化曲线

1971—1980年,年平均风速呈略减趋势,气候倾向率为 $-0.2 \text{ m} \cdot \text{s}^{-1} \cdot (10 \text{ a})^{-1}$,最大的是1972、1974、1976年为3.7 m/s,最小是1978年为2.9 m/s,年较差0.8 m/s,见图33。

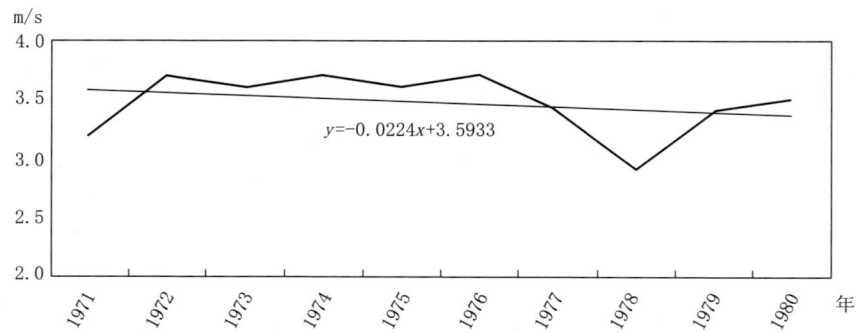

图 33　1971—1980 年年平均风速(m/s)变化曲线

1981—1990 年,年平均风速呈减小趋势,气候倾向率为 -0.4 m·s^{-1}·$(10 a)^{-1}$,最大的是 1984 年为 3.6 m/s,最小是 1986 年为 2.9 m/s,年较差 0.7 m/s,见图 34。

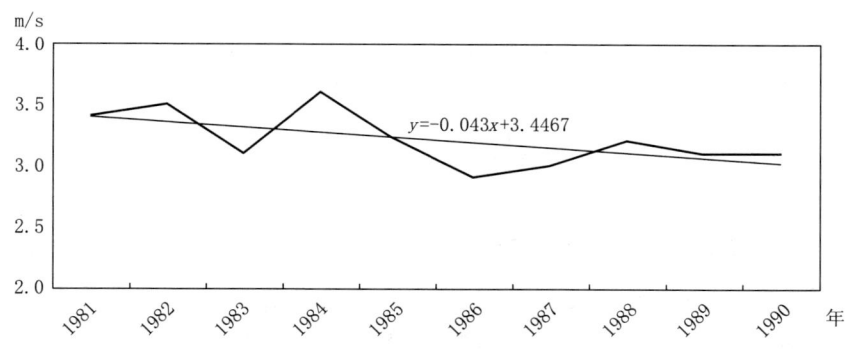

图 34　1981—1990 年年平均风速(m/s)变化曲线

1991—1997 年,年平均风速呈减小趋势,气候倾向率为 -0.1 m·s^{-1}·$(10 a)^{-1}$,最大的是 1996 年为 3.6 m/s,最小是 1986 年为 2.7 m/s,年较差 0.9 m/s,见图 35。

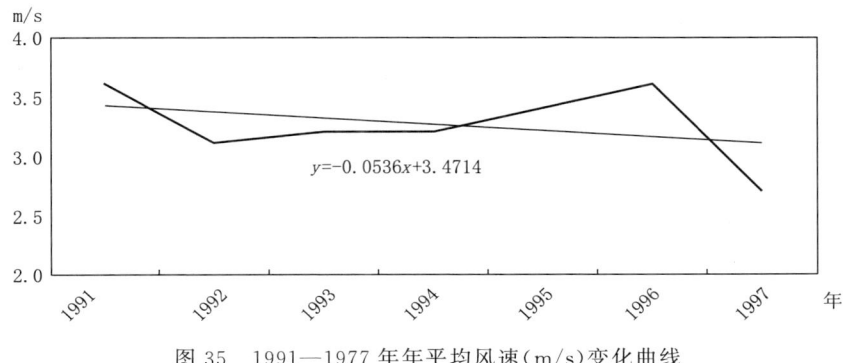

图 35　1991—1977 年年平均风速(m/s)变化曲线

四、日照变化

1963—1997 年,中心站年平均日照时数呈减少趋势,气候倾向率为 −36.0 h/10 a,年较差 346.4 h。年际间波动较大,1965—1973 年较多、1981—1986 年和 1991—1996 年较少,对 35 年总日照时数呈减少趋势影响较大,见图 36。

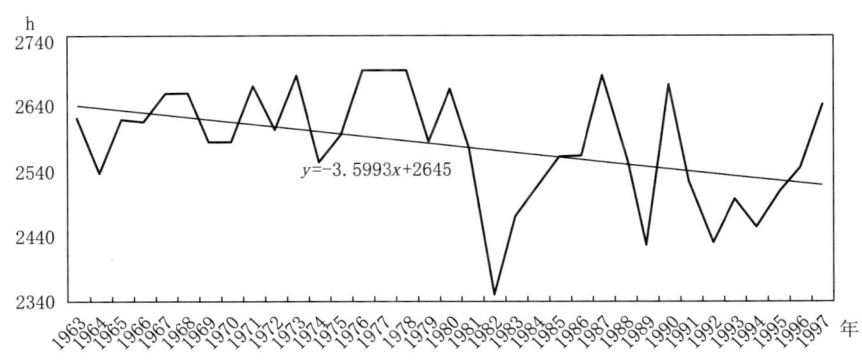

图 36　1963—1997 年年平均日照时数(h)变化曲线

其中,1963—1970 年,年平均日照时数呈增加趋势,气候倾向率为 15.6 h/10 a,最多的是 1968 年为 2660.0 h,最少是 1964 年为 2537.6 h,年较差 122.4 h,见图 37。

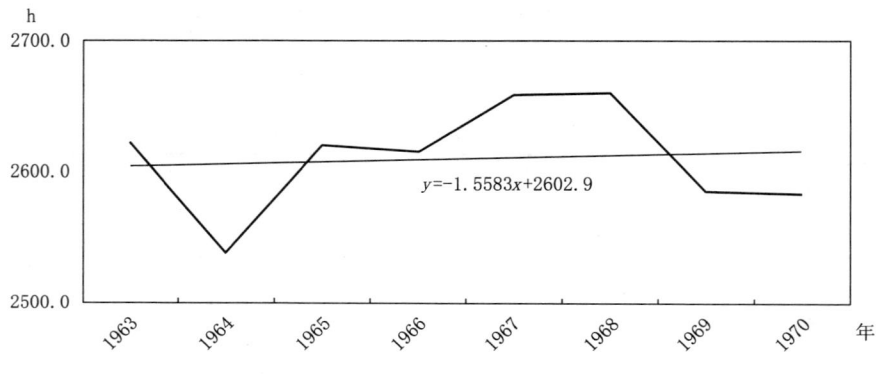

图 37　1963—1970 年年平均日照时数(h)变化曲线

1971—1980 年,年平均日照时数呈增加趋势,气候倾向率为 23.8 h/10 a,最多的是 1978 年为 2696.7 h,最少是 1974 年为 2554.6 h,年较差 142.1 h,见图 38。

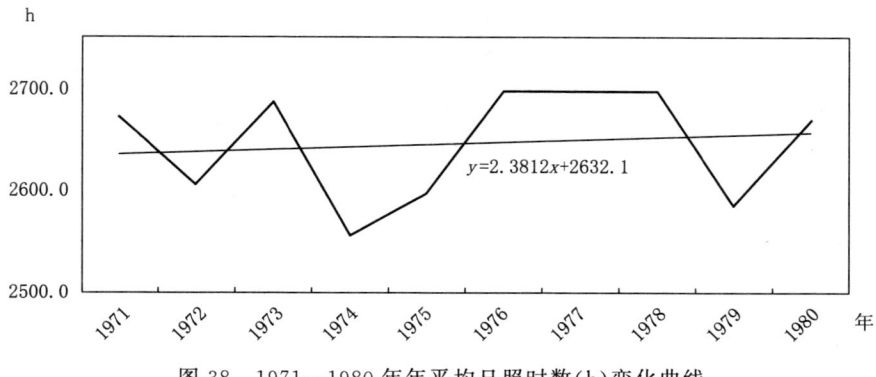

图 38　1971—1980 年年平均日照时数(h)变化曲线

1981—1990年,年平均日照时数呈增加趋势,气候倾向率为15.5 h/10 a,最多的是1987年为2686.0 h,最少是1982年为2350.3 h,年较差335.7 h,见图39。

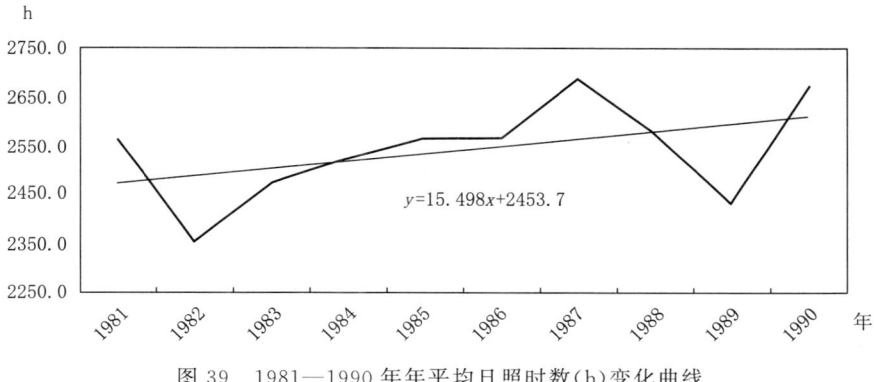

图39　1981—1990年年平均日照时数(h)变化曲线

1991—1997年,年平均日照时数呈增加趋势,气候倾向率为22.6 h/10 a,最多的是1997年为2642.8 h,最少是1992年为2429.5 h,年较差213.3 h,见图40。

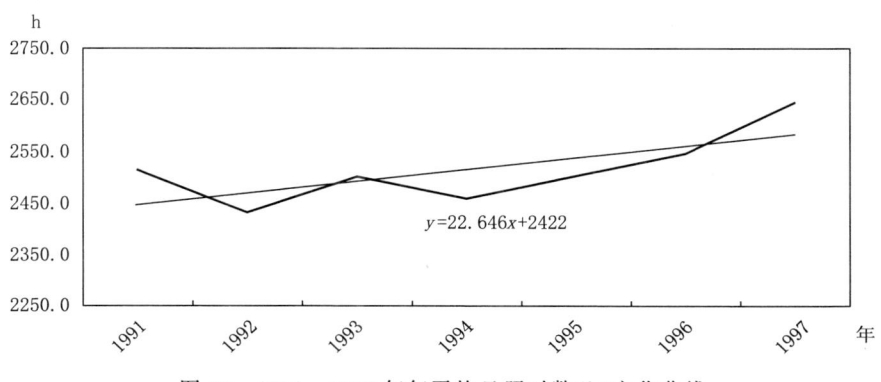

图40　1991—1997年年平均日照时数(h)变化曲线

五、蒸发变化

1979—1997 年,中心站年平均蒸发量呈减少趋势,气候倾向率为 −25.9 mm/10 a,年较差 230.4 mm。1984—1988 年较大,1989—1993 年较小,见图 41。

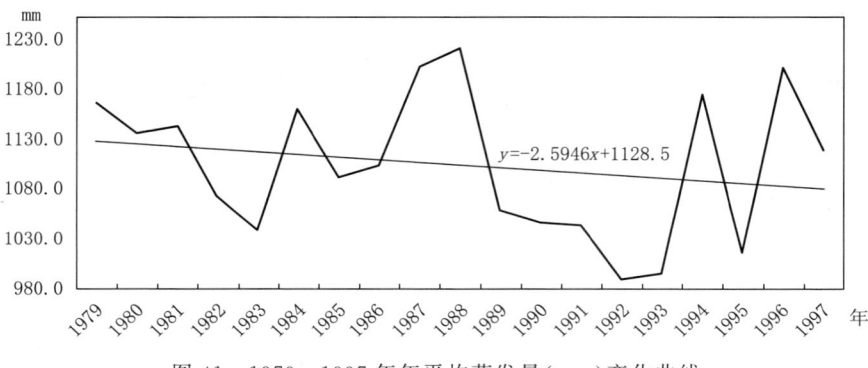

图 41　1979—1997 年年平均蒸发量(mm)变化曲线

其中,1979—1990 年,年平均蒸发量呈减少趋势,气候倾向率为 −24.2 mm/10 a,最大的是 1988 年为 1218.4 mm,最小是 1983 年为 1037.5 mm,年较差 213.3 mm,见图 42。

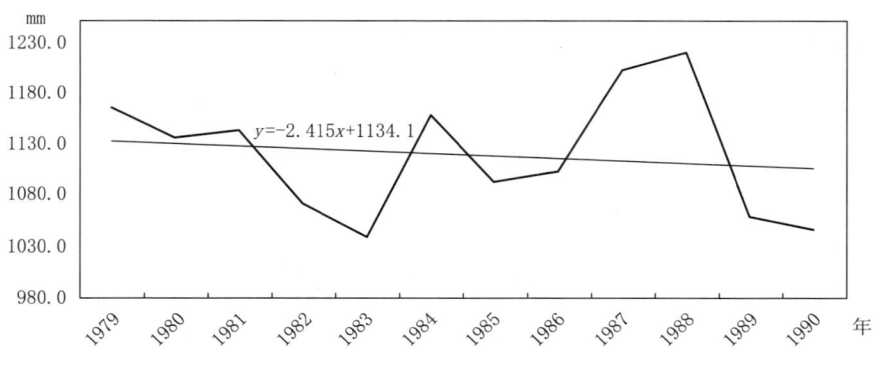

图 42　1979—1990 年年平均蒸发量(mm)变化曲线

1991—1997年，年平均蒸发量呈增多趋势，气候倾向率为24.0 mm/10 a，最大的是1996年为1199.9 mm，最小是1992年为988.0 mm，年较差211.9 mm，见图43。

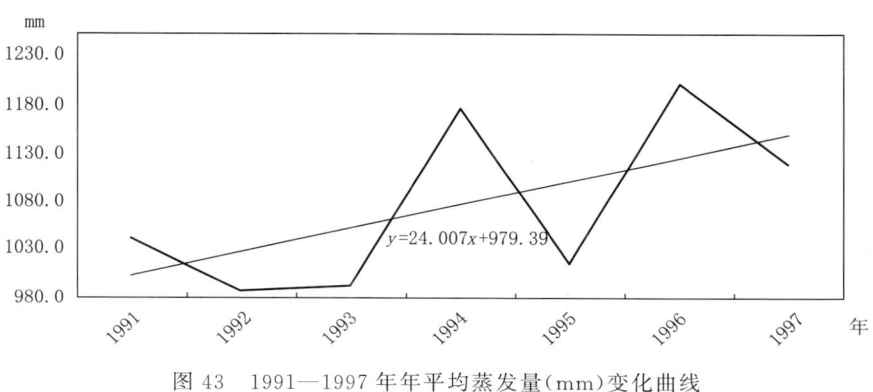

图43　1991—1997年年平均蒸发量(mm)变化曲线

第四节　气候资源

一、太阳能资源

太阳能是地球上一切生命活动最主要的能量来源，是动、植物生长发育和产量形成的根本条件。到达地面的太阳直接辐射与天空散射辐射量之和称为太阳总辐射量。太阳能一般以总辐射量来表示。太阳总辐射量可直接用辐射仪器观测，也可以根据气象资料间接计算。

研究表明，中心站年平均太阳总辐射量为6372.2 MJ/m²。由于海拔高，气候干燥，大气透明度好，属太阳能资源丰富的地区；根据年太阳总辐射量和日平均气温稳定通过0 ℃（即日最高气温达10～15 ℃）以上期间的日数（利用佳期）作为太阳能资源综合区划指标，中心站属六类区划，即太阳能资源丰富且利用佳期较短的地区。

中心站平均太阳总辐射量在年内1月后开始增加，至4月最大

656.6 MJ/m², 3—8月大于年平均值; 8月后开始减少; 12月降至最小384.0 MJ/m², 9月—次年2月小于年平均值。见图44。

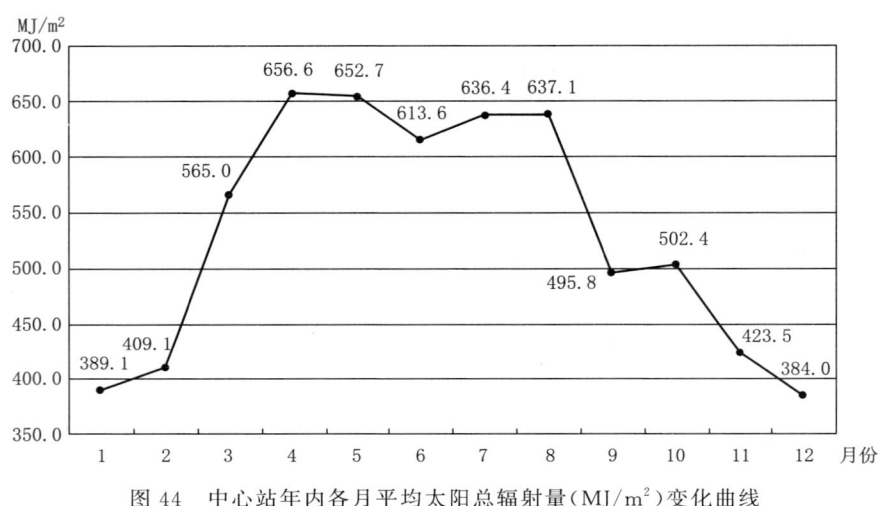

图44 中心站年内各月平均太阳总辐射量(MJ/m²)变化曲线

二、热量资源

热量资源通常以温度的各种统计指标来表示,植物的生长发育需要在一定的温度条件下进行,在温度需要积累到一定程度后才能完成其一定的生育期,积温的多少是衡量热量条件好坏的主要标志之一。一般来讲,牧草常用的界限温度有: 0 ℃, 土壤解冻或冻结, 牧草开始萌动或枯黄; 3 ℃, 各类牧草陆续返青, 生长季开始; 5 ℃, 牧草开始旺盛生长; 8 ℃, 牧草进入旺盛生长期, 再生能力强; 10 ℃, 最高产量形成。

(1) 日平均气温稳定通过0 ℃初、终期及期间日数和积温

统计表明: 1961—1997年, 中心站日平均气温稳定通过0 ℃(简称≥0 ℃, 下同)初、终期及期间日数和积温如下:

≥0 ℃初日, 土壤解冻, 牧草开始萌动, 平均出现在5月8日, 1973年4月24日最早, 1977年5月25日最晚。

≥0 ℃终日,土壤开始冻结,牧草枯黄,平均出现在9月30日,1962年和1965年最早出现在9月17日,1991年10月17日最晚。

≥0 ℃期间日数及积温:≥0℃的期间日数平均为146天,平均积温为774.5 ℃·d,1962年最短122天,积温为668.4 ℃·d,1991年和1996年最长162天,积温分别为847.5 ℃·d和814.0 ℃·d。

(2)日平均气温稳定通过3 ℃、5 ℃、8 ℃、10 ℃初、终期及期间日数和积温

统计表明:日平均气温稳定通过3 ℃、5 ℃、8 ℃、10 ℃初、终期及期间日数和积温的分布趋势与0℃相似,只是初日退后、终日提前,间隔日数和积温越来越少。

1961—1997年,中心站日平均气温稳定通过3 ℃、5 ℃、8 ℃、10 ℃初、终期及日数和积温见表1。

表1 日平均气温稳定通过3 ℃、5 ℃、8 ℃、10 ℃初、终期及日数和积温统计

界限温度	≥3 ℃	≥5 ℃	≥8 ℃	≥10 ℃
初日	6月6日	6月30日	7月22日	7月27日
终日	9月6日	8月20日	8月3日	8月1日
期间日数	93天	52天	13天	6天
积温	613.2 ℃·d	386.5 ℃·d	112.8 ℃·d	59.5 ℃·d

三、水分资源

水分资源一般包括自然降水、地下水、土壤水和地表水,但自然降水是最基本的,它是后三种水的来源,这里的水分资源仅指自然降水。中心站雨热同期,5月上旬后进入雨季,至9月底雨季结束,持续5个月左右,正是日平均气温稳定通过0 ℃期间,年内气温较高时期,也是雨水相对丰沛时期,对牧草的生长发育有利。

统计表明:1961—1997年,中心站日平均气温稳定通过0 ℃、3 ℃、5 ℃和10 ℃期间的平均降水量分别占全年平均降水量的80.6%、

59.1%、34.2%和2.6%,其平均天数及降水量见表2。

表2 日平均气温稳定通过0 ℃、3 ℃、5 ℃和10 ℃期间的平均天数及平均降水量统计

界限温度	界限温度期间的天数(天)				界限温度期间的降水量(mm)			
	≥0.1 mm	≥5.0 mm	≥10 mm	≥20 mm	≥0.1 mm	≥5.0 mm	≥10 mm	≥20 mm
0 ℃	90	27	10	1	370.6	259.8	139.8	19.6
3 ℃	59	20	8	1	271.8	202.9	116.4	18.3
5 ℃	32	12	5	0	157.4	121.4	75.7	9.4
10 ℃	2	1	0	0	12.0	7.6	3.4	0.9

四、风能资源

把风速3～25 m/s出现的累积时间(即风力机的作业时间,单位为h),称为风能可用时间。可用时间与总时数的百分率称为风能可用时间频率,反映一地风能可利用程度。

研究表明:中心站年平均风能可用时间为3200 h,年平均风能可用时间频率为35%,年平均风功率密度为43.6 W/m²。

中心站平均风功率密度在年内1月后开始增加,至3月最大64.2 W/m²,2—5月大于年平均值;4月后开始减少;9月降至最小19.7 W/m²,6月—次年1月小于年平均值。见图45。

五、大气含氧量

大气含氧量与大气压关系十分密切,高原空气的氧相对浓度与平原相同(20.93%),但是由于密度的减小和总大气压的降低,空气中的氧含量和氧分压也相应下降。中心站由于海拔高,空气稀薄,含氧量较少。不考虑植被贡献率的情况下,大气含氧量与气压关系十分密切,同时还与当地空气温度和水汽压力有关,即随着温度的变化而有所变化,温度高时氧气的密度小,高度升高时,气压减小,氧气的密度也小。所以人们在天气很热的时候感觉呼吸困难,在高山上也感觉呼吸困难。大气含氧量以含

第四章 气候特征

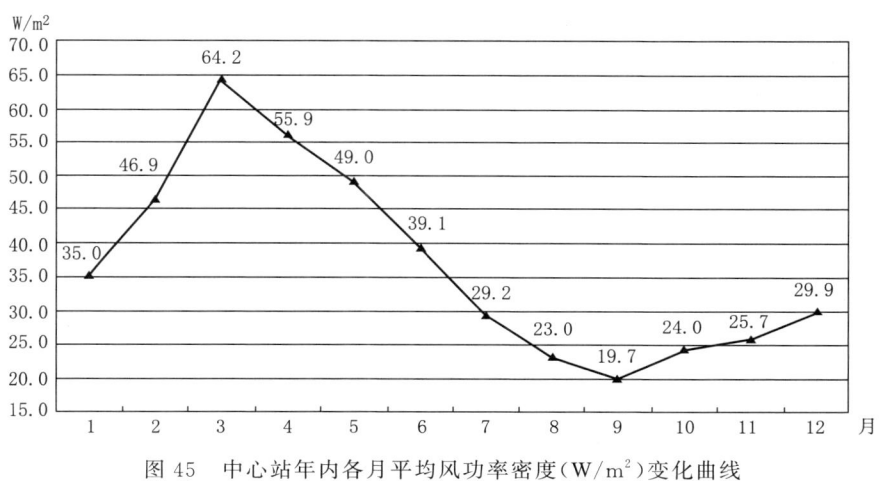

图 45 中心站年内各月平均风功率密度(W/m²)变化曲线

氧量和含氧量百分比两种参量表示,能直接理解的是含氧量百分比。

统计表明:1961—1997 年,中心站年平均含氧量百分比为 64.0%,1997 年最高 64.4%,1964 年最低 63.6%,见图 46。

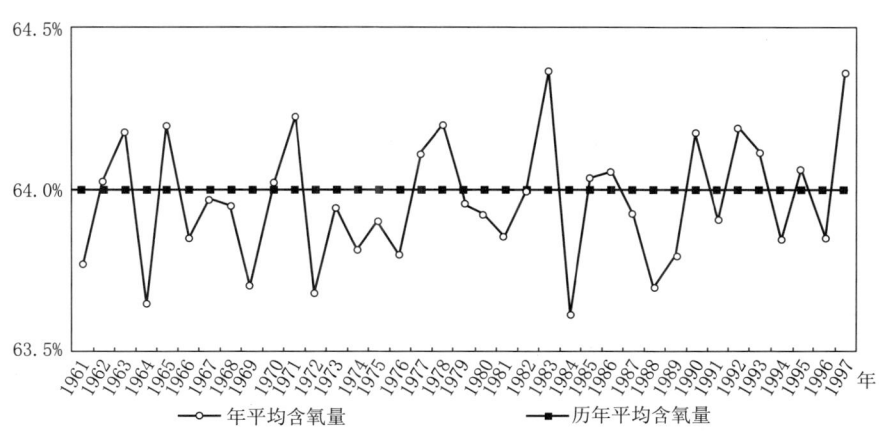

图 46 1961—1997 年年平均含氧量百分比(%)变化曲线

1961—1997 年,平均含氧量百分比的年内变化呈单峰单谷型,含氧量百分比随气温的升高而降低,7月最低61.2%,后逐月上升至12月升至峰值67.0%,其后开始下降,年较差为5.8%。见图47。

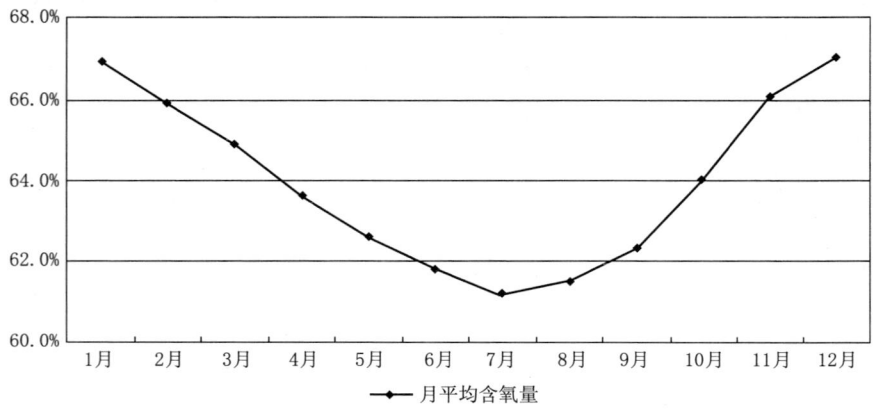

图47　1979—1997年各月平均含氧量百分比(%)变化曲线

按缺氧的轻重可将其划分五个等级区:小于63%的地区为严重缺氧区;63%～70%之间的地区为缺氧区;70%～75%之间地区为轻度缺氧区;75%～80%的地区为基本满足区;大于80%的地区为不缺氧区。

中心站属严重缺氧区和缺氧区,应以季节性游牧为主,减少大运动量活动,减少儿童、老人和体弱等人群在该地区居住和活动,工程建设等应以人员短期轮换形式进行。

第五章 畜牧业生产与气候

第一节 牧草生长发育与气象

影响牧草生长发育的气象要素主要有光、温度、水分和风。

一、光

光是牧草生长的自然能源,在光照下,牧草进行光合作用制造有机物,进行生命活动。波长为 0.38~0.71 微米的可见光被牧草的叶绿体吸收,与水分和二氧化碳(CO_2)配合合成碳水化合物。青藏高原绝大部分草场太阳辐射强,牧草具有粗蛋白、粗脂肪和无氮浸出物含量高,粗纤维含量低的特点。0.71 微米以上的红外光不能被牧草利用,但产生热效应可以维持地面的温度,使地面温度不致于降得很低。0.38 微米以下的紫外光能使牧草矮化变厚,并具有杀死病菌和微生物,提高种子发芽率的作用。

二、温度

在水分充足的情况下,温度是牧草生长发育的决定性因素。喜凉性牧草(各类嵩草、苔草)在日平均气温稳定通过 0 ℃后开始萌动返青,在日平均气温稳定通过 5.0 ℃后进入青草期。牧草返青后,进入抽穗、开花、成熟、枯黄等物候期速度的快慢主要取决于温度和水分。

三、水分

水分是牧草的组成物质之一,多年生牧草从幼苗至抽穗开花期间,水分一直占其总质量的 75% 以上；在种子形成至成熟期，水分含量也达 65% 左右。一个地方水分条件的好坏决定着该地牧草种类的多少、草场类型、产草量、品质和适口性等，如荒漠草场的牧草，多为旱生种类，主根发达，地上部分草质层较厚、多刺、多汁和密被绒毛，吸水性、保水性极好，同时防止蒸腾的能力亦强。虽糖分含量高，但粗纤维含量高，草质硬而粗糙，适口性差。

四、风

风对牧草生长发育的作用具有双重性。有利的方面是风可以帮助一部分牧草传播花粉和种子，使之在广阔的草地上世代繁衍，还能传送牧草进行光合作用所需的 CO_2；不利的方面是空气流动会加速土壤水分的蒸发和牧草的蒸腾作用，造成干旱，大风移动沙丘，覆盖草场，破坏草原生态环境。

第二节　牧草与气候

气候直接影响牧草的产量、质量和利用。只有满足牧草所需要的水、热等条件时，它才能正常生长发育并得到良好的收成。气候条件对牧草生长期和产量的影响，主要是热量和水分条件。

一、牧草生长期与气候条件

在正常的水分条件下，天然牧草的生长发育取决于温度条件。当日平均气温稳定通过 0 ℃时，牧草的根系开始活动，顶芽露出地面；当日平均气温稳定通过 3 ℃后，各类牧草陆续返青，长到 1 厘米时，牧草进入了返青期；当日平均气温稳定通过 5 ℃时，牧草进入抽穗期，生长速度加快；当日平均气温在 8 ℃期间，牧草开始进入开花期，生长旺盛，再生能力强；当日平均气温降至 5 ℃时，各类牧草停止生长，从成熟走向黄枯；当日平均气温降至 3 ℃时，出现霜冻，牧草地上部分停止生长进入黄枯期，但地下部分尚未停止活动;日平均气温降到 0 ℃后,牧草生育期结束,进入休眠期,等待次年再生长。

牧草返青期的生长速度不仅与气温关系大,而且受土壤水分条件影响深,在荒漠、半荒漠区域的草原,降水是决定牧草返青期开始早晚的最主要因素;年内温度最高、降水最多的时期,牧草进入开花期。

天然牧草在一年中生长的时间为牧草的生长季,将日平均气温≥3 ℃初日至秋季日平均气温≤0 ℃终日期间日数确定为牧草生长季。优云乡属纯牧业区,天然牧草是畜牧业发展的基础,其牧草生长季平均初日为6月6日,平均终日为9月30日;期间日数为117天,积温为686.2 ℃·d;期间降水量为321.5 mm,占全年平均总降水量的69.9%。

二、牧草产量与气候条件

影响牧草产量的主要气候因子是降水量及其在年内的分配。年降水量的多寡仅是牧草能否获得收成的基础,牧草产量的高低,在很大程度上决定于降水量在季节上的分配。5—8月降水多,牧草可能高产,相反,5—8月降水偏少,而9月以后降水偏多,牧草一般会歉收。

降水条件满足牧草生长需求的情况下,热量是影响牧草产量的主要因子,牧草的产量与日平均气温稳定通过 0 ℃初日至 3 ℃终日之间的积温有关。降水量持平、积温高,牧草产量就高,反之,牧草产量就低。

优云乡5—8月平均降水量为306.2 mm,占全年平均总降水量的66.6%,9月平均降水量为73.9 mm,日平均气温稳定通过 0 ℃平均初日(5月8日)至 3 ℃平均终日(9月6日)期间日数为122天、积温为701.5 ℃·d。月牧草最高产量大多出现在7月份、8月份。

三、季节草场与气候条件

冬春(冷季)草场与夏秋(暖季)草场的划分主要考虑的是气候条件,尤其是水、热条件。冬春草场相对于夏秋草场来说,热量条件要好一些,而水分条件又差一些。牲畜是恒温动物,同时,夏季牲畜的饮水次数和饮水量均相对增大,所以夏季草场选择在比较凉爽而水源条件好,饮水半径小的地域;冬季草场为避免环境温度过低,致使畜体热量收支不平衡,体热耗损过大,选择在较暖和、水分条件可以相对较差的地域。

优云乡夏秋草场多分布在海拔4800米左右的中、高山地带,由于环境严酷和其他原因,利用时间短,一般只有三四个月。畜群进得晚、出得早,给冬春草场增加了压力,也是造成冬春草场超载过牧的一个因素;冬春草场一般分布在海拔高度4000米左右的地形较平缓的丘陵、阳坡地区。利用季节内,其气候寒冷而干燥,年平均气温较夏秋草场高,年降水量较夏秋草场少,冬春期间正值风季,因此,大风和风沙日数均较多。冬春草场利用时间长达八、九个月,畜群进入冬春草场一般为牧草开始或已经枯黄的时期,营养成分降低,牲畜基本上处于半饥饿状态。进入夏秋草场的时间大致在6月下旬,返回冬春草场的时间在10月中下旬。

第三节 牲畜与气候

气候是牲畜的环境条件之一。气候因子光、热、水等既是牲畜生存、生长发育、繁殖后代的生态环境条件,又是影响绿色植物生产从而影响牲畜的主要环境要素。

对牲畜而言,经过了漫长的冬季,消耗的能量多,牲畜体质差,牧草返青后急于采食,但由于草层高度较低,难以吃饱,易产生"跑青"现象;牧草进入抽穗时期生长速度加快,牲畜吃得饱,生长良好;牧草进入开花期,各类牲畜长膘快、体质好,是草原的黄金季节。

一、主要牲畜与气候条件

优云乡的主要牲畜品种以藏系绵羊(藏羊)、牦牛和玉树马为主。

(一)藏羊与气候条件

藏羊是青藏高原的原始牲畜品种,在绵羊中占主导地位,分布广、数量多。其体质结实、性情活泼,善于登山、行动敏捷。优云乡主要为白藏羊。藏羊生活最适宜温度为日平均气温6.0~16.0℃,当日平均气温小于-5.0 ℃或大于19.0 ℃时,藏羊大量消耗体能而掉膘。

当气温更低或风速较大时,藏羊将不愿采食甚至出现死亡。冬季积雪也对藏羊采食有很大影响。

藏羊放牧和管理应注意以下情况：

春季：藏羊经过冬季,身体虚弱,到春季时,气候变化无常,牧草青黄不接,此时放牧,牧草刚刚萌发,藏羊追食草芽,消耗大量体力,造成掉膘。为防止追食,应该采取"早春放阴坡,晚春放阳坡"的办法。春季风大,羊只瘦弱,放牧应采取顶风出牧,顺风归牧,尽量缩短放牧距离,减少消耗体力。

夏季：羊群经过春季放牧,身体逐渐恢复。夏季日暖天长,青草茂盛,此时放牧要等露水干后出牧,尽量做到迟出晚归。但夏天天气热,蚊蝇多,应选择干燥、凉爽、饮水方便、蚊蝇少的坡地放牧。

秋季：秋季牧草已结籽,营养价值高。此时放牧易长膘,应早出晚归,中午不休息,尽量延长放牧时间,但不能让羊采食带霜的草。

冬季：冬季应选择地势较低,暖和、背风向阳处放牧。遇有较大风、雾的天气,可到山间及避风处放牧,放牧时不可急赶羊群和吃霜冻草,不饮带冰或过冷的水,不惊吓,不走陡坡,不走冰道,不跳沟,出入圈门不拥挤。

(二)牦牛与气候条件

牦牛是能耐寒冷、喜凉爽较湿润气候、不适应于干热的气候的一种牲畜,它适应性极强,在无棚圈、无补饲的条件下,亦能度过冬春。牦牛是优云乡的主要畜种之一,在畜牧业中占有相当重要的经济地位。

适宜牦牛增肥(长膘)的日平均气温为6.0~16.0 ℃。当日平均气温小于6.0 ℃时,由于防寒,牦牛增膘增重缓慢,以至停止；当日平均气温大于16.0 ℃时,由于牦牛不耐热,牦牛膘情下降；当日平均气温小于-5.0 ℃时,牦牛便消耗大量脂肪来御寒,出现掉膘。

优云乡的高温天气一般出现在7—8月,为避免高温和蚊蝇叮咬,应把牦牛驱赶到海拔较高的山顶地带放牧,一则山顶地带风力较大,温度低,有利于牛体散热；二则山顶地带蚊蝇较少,能使牦牛专心采食和休息。

低温一般出现在 11 月至翌年 2 月,此间除了储备大量的草料之外,有效减少牦牛掉膘的办法就是搭盖棚圈,减少露天喂养。

(三)马与气候条件

马具有喜温耐寒的特点,多在水草丰美的地区采食。马饲养最适宜的温度是日平均气温 $8.0 \sim 20.0\ ℃$,日平均气温大于 $20.0\ ℃$ 或小于 $-5.0\ ℃$ 就会掉膘。

马的放牧及管理应注意以下情况:

春季:牧马须选择地势较高且冬季积雪不深的向阳山坡草地,这地方融雪较早,地面干燥,牧草萌发早。若遇风或风雪天气,应将马赶回圈管理。

夏季:马群放牧须防蚊虫叮咬,应选择地势较高的草场。烈日当空时应将马赶到阴坡或坡顶休息。夏季雷雨、冰雹天气较多,要防止马群受惊。雨后立即驱赶运动,防止感冒和其他疾病发生。

秋季:防止马采食有霜的牧草,应晚些出牧。

冬季:应选择草好、水好、避风、不易积雪的草场放牧。

二、主要牧事活动与气候

优云乡的牧业处于"靠天养畜"的状态,一年四季牲畜主要靠采食天然牧草为生,一切牧事活动,如牲畜的转场放牧、冬春的产仔、夏天的剪毛、夏秋的抓膘、秋冬的屠宰,无不受气候条件的影响。因此,根据当地的气候,合理的安排各种牧事活动,不仅能够较充分地利用气候资源,而且可使牧业生产获得量多质高的畜产品。

(一)适宜转场时间与气候条件

适宜转场时间是指冬春草场和夏秋草场实行两季轮放的时间。研究表明,日平均气温稳定通过 $5\ ℃$ 时,牲畜由冬春牧场转入夏秋牧场为宜;秋季日平均气温降到 $0\ ℃$ 或以下时,牧草枯黄停止生长,同时草场易遇积雪,这时畜群应及时离开夏秋草场向冬春草场转移。统计表明,优云乡适宜转场时间及两季牧场的放牧日数见表 3。

表3 适宜转场时间及两季牧场的放牧日数

≥5 ℃初日	≥0 ℃终日	夏秋牧场放牧天数	冬春牧场放牧天数
6月30日	9月30日	93天	272天

(二)产羔期与气候条件

优云乡藏羊多为冬季产羔,一般从12月份至次年的1月、2月为藏羊的产羔期,1月为最盛期,这一时期为全年最冷月,多大风,母羊体质极度瘦弱,需根据实际情况,采取暖棚圈养,提高羔羊的成活率。

(三)剪毛期与气候条件

根据藏羊的膘情和气候情况,一般在7月剪毛,局部较暖地区在6月下旬,个别年份在8月上旬。羊群剪毛应当选择适合的天气,一般日平均气温8.0~10.0 ℃,最低气温不低于0.0 ℃,风力4级以下的晴天或多云天气较为适宜。

藏羊剪毛期间有利天气条件是:上午气温8.0 ℃~10.0 ℃,下午14.0 ℃~17.0 ℃,日最低气温不小于0.0 ℃,风力在4级以下,天空晴朗少云。剪毛后5~7天天气晴好,风小,气温少变。

高温、高湿、大风、降温和连阴雨天气最为不利,若24小时内降温6.0 ℃,并伴有5级以上的大风降水天气,剪毛后的羊只持续受冻,就会出现冻死现象。

剪毛后的羊只体热平衡临界温度随羊毛长度的改变而改变,毛长1~2 mm,热平衡临界温度为32.0 ℃,毛长为18 mm时为20.0 ℃,毛长120 mm时为-4.0 ℃。当气温5.0 ℃时,在8~9 m/s风速的吹袭下,毛长10 mm以下的羊只体表感受到的寒冷程度相当于-10.0 ℃。

剪毛后的羊只一定要防止受冻,一周内不易远牧,以免冷雨、冰雹等天气的袭击。放牧中如遇天气突变,来不及回圈,应选择避风、避雨的地形围拢畜群。

(四)牲畜抓膘期和掉膘期的气候条件

抓膘期的气候条件:牲畜的放牧抓膘是牧业生产中的一项中心工

作。放牧牲畜经过越冬度春的漫长阶段,由于营养入不敷出,饥寒交加,至牧草返青前夕,膘情往往极度衰竭,损失率达最高。在牧草返青之后,牲畜容易出现"跑青"现象,如不注意管理,会造成一些损失。根据牧业生产实践证明,在放饲条件下,日平均气温稳定通过 5 ℃后,最宜于牲畜的增膘。此时牧草开始旺盛生长,各类牲畜一般都能"饱青",同时降水逐渐增多,在这样的环境条件下,牲畜感到舒服,食欲增强,代谢机能旺盛。

从热量条件看,优云乡的牲畜适宜抓膘期日平均气温稳定通过 5 ℃的期间日数平均为 52 天(6 月 30 日—8 月 20 日),最多 98 天出现在 1981 年,最少 19 天出现在 1986 年。由此可见,优云乡热量条件差,适宜抓膘期短,牲畜的膘情难以达到满意的程度。

掉膘期的气候条件:牲畜的耐寒性一般是比较强的,可以适应相当宽的温度范围。对于寒冷的适应性不仅因品种不同而有很大差别,而且即使在同一品种内,也会因生理状态和营养状况的不同而变化。使体温不变是恒温动物生存的首要条件,为了维持体温有各种生理机能在起作用,以对付多变的气候环境,牲畜将其摄取能量的 70%~80%作为热量用于维持体温。用于呼吸循环、运动、发育的能量只占摄取能量的 20%~30%。牲畜掉膘的根本原因在于寒冷和营养贫乏,如果在舍饲条件下,而且草、料丰足,寒冷对牲畜膘情的影响是不大的。但对放牧牲畜,由于寒冷期内牧草枯黄,营养成分差,牲畜不能饱肚,因此,寒冷就会加剧掉膘。根据调查分析,把日平均气温降至-5 ℃以下作为牲畜掉膘期的开始日,当日平均气温稳定通过 0 ℃后,牧草开始萌发,但牲畜仍不能吃上青草,膘情仍在下降,直到牧草返青以后,掉膘才明显缓和。因此,把牧草返青期定为牲畜掉膘的终止期。优云乡牲畜掉膘的开始期平均为 10 月 22 日,牲畜掉膘的终止期平均为 6 月 6 日,掉膘期平均为 229 天。

(五)牲畜屠宰期的气候条件

一般将牲畜体重最大的时期称为适宜屠宰期,这个时期的开始日期基本与日平均气温下降至 0 ℃的日期相当,此时屠宰,不仅能获得最多的产肉量,而且能加速牲畜周转,把越冬的牲畜量压到最低限度,很好地解决冬季草畜矛盾。但考虑到冷藏、运输等实际问题,实际屠宰期在日平均气温稳定通过-5.0 ℃后开始,这个日期比实际最佳屠宰期晚1个月左右。

当日平均气温降至-5 ℃以下,各种牲畜均不同程度地开始掉膘,所以应当把牲畜开始掉膘期作为适宜的屠宰期,即优云乡从10月中、下旬开始进入屠宰期。

三、牲畜繁殖与气候条件

气候条件对牲畜繁殖有重要影响。在高温状态下,牲畜精子活动能力过强,死亡很快;在低温状态下虽活动缓慢,但生存期长。若将温度降至5.0 ℃以下,精子就处于休眠状态,有利于精子储存。

温度过高或过低、阳光强烈照射都对牲畜性生理机能有不利影响。空气中的氧对牲畜精子危害很大,使其失去活动能力。二氧化碳、细菌、灰尘会引起精液变质,使母畜感染疾病。连阴雨、大风、风沙、冷雨、雨夹雪天气对牲畜配种不利,严重时使牲畜发情停止,难以受胎。

藏羊的配种以秋季气温在8.0~12.0 ℃时的晴朗天气最为适宜,配种时要求相对湿度为30%~50%,风力在4级以下。气温高于20.0 ℃,母羊发情受到抑制,受胎率明显降低;如在气温高于30.0 ℃时配种,母羊胚胎死亡率将比正常情况高25%~85%;气温高于35.0 ℃,公羊精液质量恶化,基本失去活力。

牛、马配种主要在春、夏之交进行,适宜温度为12.0~18.0 ℃。母畜怀孕后的三个月左右就进入秋季,如果出现严重低温,就会受凉,引起子宫收缩,造成流产。母畜吃了带霜的牧草也会造成流产。

四、牲畜疾病与气候条件

(一)气候环境与牲畜疾病

不同的气候环境中牲畜疾病有明显的差别。在湿润度大于0.6的湿润、半湿润的草甸草场,牲畜的多发疾病是蹄病、流感、牛焦虫病、自然疫源性疾病;在湿润度为 0.3～0.6 的半干旱草原草场,牲畜疾病多是羔羊痢疾、线虫、吸虫、马焦虫病;湿润度为 0.13～0.3 的干旱半荒漠草场,疥癣、马胃蝇、牛皮绳为牲畜的主要疾病;湿润度小于 0.13 的极干旱荒漠草原,日射病、热射病、沙眼病是牲畜主要病害。

优云乡的湿润度在 0.55～0.65 之间,牲畜应注意蹄病、流感、牛焦虫病、自然疫源性疾病和羔羊痢疾、线虫、吸虫、马焦虫病的防御。

(二)牲畜病虫害发病与气候条件

蚊蝇活动:气温在 5.0～10.0 ℃时,蚊蝇开始活动,18.0～22.0 ℃时蚊子活动最为活跃,26.0～27.0 ℃时苍蝇活动最为活跃。相对湿度在 70%～80% 之间,蚊蝇的生长发育速度很快。

腐蹄病:气温高、降水多、湿度大、露水多且地表泥泞的季节和地区最易发病。

羊肠毒血病:多雨的夏、秋季节,牧草生长旺盛,草质含水量低,当牲畜采食过多的青草,或采食了大量带露水和在雨水中浸泡而腐烂变质的草,造成消化不良,使病菌在肠胃中迅速繁殖,分泌出大量的病毒所致。

寄生虫:牲畜寄生虫发育与气温回升、降水量的增多有密切关系。当地面温度下降到 5.0 ℃时,寄生虫以虫卵、蛹或非侵袭性幼虫的形态潜伏在粪便、饲草和污水坑里。当气温回升,降水增多时,寄生虫就有了繁殖的条件,逐渐由虫卵或非侵袭性幼虫蜕变成侵袭性成虫,通过各种途径感染牲畜,引起发病。发病规律是,气温升高,降水增多,寄生虫数量增多,牲畜的感染率也升高。

第六章　主要气象灾害及防御

优云乡的气象灾害主要有雪灾、干旱、雷电、暴雨、洪涝、大风、沙尘暴、冰雹和低温冷害、寒潮、强降温等,以及道路结冰、草原火灾、草原毛虫等次生、衍生灾害。

第一节　雪灾

雪灾亦称白灾,冬、春季因降雪量大、气温低,造成积雪持续不融化,致使家畜采食困难或不能采食而发生不同程度的牲畜伤亡事件,并可能伴有牧民冻伤、交通阻塞、电力和通讯线路中断等灾害的发生。雪灾是牧区的主要气象灾害,易发生在每年10月中下旬至次年5月上中旬的牧草枯黄期,期间由于出现局地或区域强降雪天气过程,加之气温较低,积雪难以融化,时常造成大雪封山、牲畜冻饿而死等,使牧区人民生命和财产遭受巨大损失。

一、危害

冬半年降雪量过多和积雪过厚,雪层维持时间长,积雪掩盖草场,且超过一定深度,有的积雪虽不深,但密度较大,或者雪面覆冰形成冰壳,牲畜难以扒开雪层吃草,造成饥饿,有时冰壳还易划破羊和马的蹄腕,造成伤害,致使牲畜瘦弱,甚至造成母畜流产,降低仔畜成活率,同时严重影响交通、通讯、输电线路等工程设施,对牧民的生命安全和生活造成威胁。

二、防御

雪灾发生前,应该提前准备,在入冬前要备足草料,在条件好的地区,建立人工饲料基地,种植良种牧草,为草料库提供充足的草料,以解决雪灾期的饲料问题。加强预警,气象部门应严密监视可能引发雪灾的天气形势,提前预报雪灾的强度和影响范围,并发布相关预警信号,提醒各界提前防御。

雪灾发生后,政府及相关部门按照职责启动应急预案,做好防灾减灾的各项应急工作。实行牲畜圈养,避免风雪直接危害。在被积雪覆盖的草场,先放马群,再放牛群,最后放羊,即利用马、牛群破雪,可收到较好的抗灾效果。发生强烈暴风雪时,避免出行,交通部门关闭公路,防止发生交通事故。老、弱、病、幼人群注意防寒保暖,减少不必要的户外活动。户外注意佩戴墨镜等防护用品,以免造成雪盲、冻伤。

第二节　干旱

干旱灾害是指在较长的时期内,降水量严重不足,致使土壤因蒸发而水分亏损,河川流量减少,破坏了正常的植物生长和人类活动的灾害性天气现象。干旱致使空气缺少水汽,地表严重缺水,造成牧草减产,人、畜饮水困难。干旱是继雪灾之后影响优云乡生态环境及畜牧业生产的最为严重的自然灾害之一。草地畜牧业是当地的经济主体,是牧民群众赖以生存和发展的物质基础。干旱程度直接影响着牧草生长的好坏和变化,以及以草地畜牧业为经济主体的畜牧业生产的效益,是"以草定畜"的指示器。优云乡易发生春夏季干旱,而春夏季正值牧草生长期(5—9月),对畜牧业生产影响大。

一、危害

4—5月份牧草陆续进入返青阶段,发生春季干旱将导致牧草返青期推迟,牧草生长期缩短,产量下降。6—8月份正值牧草生长阶段,发生夏季干旱将导致牧草生长缓慢,产草量下降。牧草产草量下降,将会造成牲畜越冬困难和翌年冬春大量牲畜死亡,影响畜牧业生产;发生春夏连旱不仅影响牧草生长,还会由于长期降水短缺造成地表水或地下水收支不平衡,出现因水分短缺使江河流量、湖泊水位等减少的水文干旱。冬春季干旱造成草地枯草期长,易引发森林、草原火灾等其他自然灾害。长期干旱促使生态环境进一步恶化,气候暖干化造成湖泊、河流水位下降、干涸和断流,草场植被退化,加剧土地荒漠化进程。

二、防御

加强气象和相关部门干旱灾害的预测、监测和评估,为政府防灾减灾工作提供科学决策依据十分重要;加大生态环境保护和建设力度,防御和减轻气象干旱。生态环境的保护和建设是防御和减轻干旱灾害的重要环节。一要种草种树,改善区域气候,减少蒸发,降低干旱危害。二要根据干旱规律安排畜牧业结构,合理放牧、灭鼠,减轻干旱危害。三要充分认识水对牧草生长发育的重要性,降水是影响生态好坏程度的重要因素,因地制宜地开展人工影响天气工作,开发和利用空中水资源,是缓解干旱的重要手段。

第三节　雷电灾害

雷电灾害是指云层与大地之间发生的放电,并由此而产生对人员、牲畜、建筑物、电子电器设备等的损害,以及引发的火灾和爆炸事件。

一、危害

优云乡其特殊的地理环境和气候特征,致使该地区云层底部高度低,成为雷暴、雷击的多发地,年平均雷电日数57.6天,属高雷区,每年因雷电灾害造成的人畜伤亡和财产损失时有发生。雷电造成的损害可分为两类:直接雷击和间接雷击造成的灾害。

直接雷击的破坏作用在于强大的电流和超高电压。雷电击中人体、建筑物或设备时,强大的雷电流转变成热能,这种巨大的热能可使人体组织、建筑物结构、设备部件等断裂破碎,从而导致人员伤亡、建筑物损坏以及设备毁坏等。据不完全统计,雷雨季节每年均有雷电击死采食牧草牲畜的事件发生。

间接雷击悄悄发生,不易察觉,但后果严重。间接雷击与直接雷击破坏的对象不同,前者主要击坏放电通路上的建筑物、输电线、击死击伤人畜等,后者主要通过电源线、网络信号线等从远处接闪瞬时增高电压、电流而破坏电子设备,有时也通过直击雷没有泄完的强大电流残压形成电流反击对人和设备造成伤害。据不完全统计,雷雨季节电子产品遭受间接雷击事件屡见不鲜。

二、防御

(一)企事业单位雷电灾害防御

企事业单位应采用质量和技术均符合国家标准的防雷设备、器件、器材,避免使用非标准和无检测合格证的防雷产品和器材,并定期由有资质的专业防雷检测机构检测防雷装置,评估防雷装置是否符合国家规范要求;重大建设项目、应通过防雷技术部门进行雷电灾害风险评估;信息系统建设应提前或同步进行防雷系统建设。

企事业单位应设防御雷电灾害责任人,负责防雷装置日常维护和报检工作,雷雨季节,应定期或不定期检查安装在配电系统及电话程控交换机、计算机网络、闭路监控等强弱电的电涌保护器运行情况,发现损坏时应及时更换。

雷灾发生后,应及时向气象主管机构上报情况,进行灾情调查,分析原因,及时处理整改,避免再次雷击。

(二)个人雷电灾害防御

打雷时,应减少室外活动,留在室内,关好门窗;拔掉电脑、电视、电冰箱、音响等设备的电源、信号插头；减少使用电话，不宜使用太阳能热水器洗澡。

打雷时，在室外活动的人员，应躲入有防雷设施的建筑物内，不要靠近阳台金属栏杆、防盗网、金属门窗、建筑物外墙，远离电线等金属导体，以免雷击这些物体时，对人体造成反击伤害；不宜进行各种户外活动（升旗、集会和羽毛球、足球、高尔夫球等）；不要靠近金属杆制作的经幡及举行佛事活动，金属杆制作的经幡应远离定居点及畜群50米外；不宜靠近大树、桅杆、塔吊、烟囱和广告牌等。

打雷天不要在山顶、山脊或建筑物顶部停留；切勿赶着畜群过河及在河边取水、逗留；在旷野时，不宜打伞，最好穿塑料等不浸水的雨衣，不宜把锄头、铁锹、羽毛球拍、高尔夫球杆等扛在肩上；不宜骑马(牛)、骑自行车、骑摩托车或坐敞篷拖拉机；不宜进入无防雷设施的临时棚屋、岗亭等低矮建筑。

在旷野遇到雷暴，不宜跨大步赶路，避免跨步电压对人体的伤害。应取下随身携带的金属物品(含手机等)并放置远处，然后寻找低洼处双脚并拢，双手抱膝蹲在地上；在山岗上的凉亭避雨时，应站立在亭中央，远离柱子或金属栏杆，避免遭受到接触雷击；可躲到山洞里，但手不可触及洞壁，防止受到接触电压的伤害；驾车时遇雷击，应躲在车厢里，金属车厢是一个极好的法拉第笼(屏蔽笼)，人在"笼内"绝对安全。

第四节　暴雨、洪涝灾害

暴雨灾害：暴雨是指短时内或连续的一次强降水过程，在地势低洼、地形闭塞的地区，雨水不能迅速排泄造成低洼地积水和土壤水分过度饱和，给畜牧(农)业带来灾害的连续性的降雨。短时间的大暴雨，来势迅猛，雨量集中，水位急涨，大面积大量积水。暴雨是形成洪涝灾害的主要原因，同时暴雨易引发地质灾害，造成山体滑坡，使道路、桥梁、建筑设施损坏及造成人员伤亡。

洪涝灾害：由于降大雨或暴雨或融雪性洪水，引起山洪暴发或河水泛滥，冲毁淹没草原及设施、造成城市内涝等。

一、危害

暴雨尤其是大范围持续性暴雨和集中的特大暴雨，不仅影响工农业生产，而且可能危害人民的生命，造成严重的经济损失。

暴雨的危害主要有两种：一是渍涝危害。由于暴雨急而大，排水不畅易引起积水成涝，土壤孔隙被水充满，造成陆生植物根系缺氧，根系生理活动受到抑制，使植物受害而减产。二是洪涝灾害。由暴雨引起的洪涝淹没植物，使植物新陈代谢难以正常进行而发生各种伤害。特大暴雨引起的山洪暴发、河流泛滥，淹没房屋，冲毁农舍，破坏通信与交通设施，甚至造成人畜伤亡，也可造成一系列其他灾害，如山体滑坡、泥石流、疫病流行等。

二、防御

工程措施：绿化造林，修筑堤坝、整治河道；修建水库；修建分洪区、人工影响天气等。

非工程措施：洪泛区的土地管理；利用气象卫星对暴雨、洪水进行监测，提高预报准确率，建立洪水预警系统；拟定居民的应急撤离计划和对策；实行防洪保险等。

（一）暴雨的防御

地势低洼的居民住宅区，可因地制宜采取"小包围"措施，如砌围墙、大门口放置挡水板、配置小型抽水泵等；不要将垃圾、杂物等丢入下水道，以防堵塞，造成暴雨时积水成灾；居住在底层居民家中的电器插座、开关等应移装在离地1米以上的安全地方。一旦室外积水漫进屋内，应及时切断电源，防止触电伤人。在积水中行走要注意观察，防止跌入窨井或坑、洞中。河道是城市中重要的排水通道，不要随意倾倒垃圾及废弃物，以防淤塞。

暴雨来临前,要检查房屋,如果是危旧房屋或处于地势低洼的地方,应及时转移屋内人员;暂停室外活动,学校可以暂时停课;检查电路、炉火等设施是否安全,关闭电源总开关;提前收回或覆盖露天晾晒物品,家中贵重物品置于高处;户外人员应立即到地势高的地方或山洞暂避。

暴雨来临时,危旧房屋或在低洼地势住宅的人员及时转移到安全地方;关闭煤气阀和电源总开关;立即停止户外活动;注意夜间的暴雨,提防旧房屋倒塌伤人;雨天汽车在低洼处熄火,千万不要在车上等候,下车到高处等待救援;不要在下大雨时骑自行车;过马路要留心积水深浅。

(二)洪涝的防御

在河流中上游地区恢复植被,起到保持水土、调节洪峰的作用;在河流中下游疏浚河道,修筑堤坝、水库等水利设施,在城市低洼处完善排涝设施;加强天气的监测,对强降雨天气提前预报,建立预警机制。

洪涝避险:受到洪水威胁时,如果时间充裕,应按照预定路线,有组织地向山坡、高地等处转移;在已经受到洪水包围的情况下,要尽可能利用船只、木排、门板、木床等,做水上转移;洪水来得太快,已经来不及转移时,要立即爬上屋顶、楼房高屋、大树、高墙,做暂时避险,等待救援,不要单身游水转移;在山区,如果连降大雨,容易暴发山洪,遇到这种情况,应该注意避免渡河,以防止被山洪冲走,还要注意防止山体滑坡、滚石、泥石流的伤害;发现高压线铁塔倾倒、电线低垂或断折,要远离避险,不可触摸或接近,防止触电;洪水过后,要服用预防流行病的药物,做好卫生防疫工作,避免发生传染病。

第五节　大风灾害

大风是指风速为在 17.0 m/s 以上,风力为 8 级以上的风。风速过大,会造成表土及种子被刮走、牧草被沙土掩埋或倒伏、植株折断以及部分建筑物、架空线路倒塌的灾害。

一、危害

陆地上受冷空气影响和强对流天气发生时均会出现大风。大风发生可折断电线杆、倒房翻车、助长火灾等。优云乡到昌马河,以及玛沁下大武山的山口地带为果洛州风速最大地区,优云乡年平均大风日数82.4天,1—5月份为大风日数易发季节。

二、防御

大风出现季节,应尽量减少外出,必须外出时少骑自行车,不要在广告牌、临时搭建物下面逗留、避风。大风出现时,如果正在开车时,应将车停靠在避风处;有条件时,应将车驶入地下停车场或隐蔽处。大风出现时,如果住在帐篷里,应立刻收起帐篷到坚固结实的房屋中避风。在大风发生前,在房间里要小心关好窗户,在窗玻璃上贴上"米"字形胶布,防止玻璃破碎,远离窗口,避免强风席卷沙石击破玻璃伤人;在公共场所,应向指定地点疏散。

第六节 沙尘暴灾害

沙尘暴是沙暴和尘暴两者的总称,是指强风把地面大量沙尘物质吹起卷入空中,使空气特别混浊,水平能见度小于1千米的严重风沙天气现象。其中沙暴指大风把大量沙粒吹入近地层所形成的挟沙风暴;尘暴则是大风把大量尘埃及其他细粒物质卷入高空所形成的风暴。沙尘暴主要发生在冬春季节,会造成交通中断、人员伤亡等的灾害。

一、危害

沙尘暴携带的大量沙尘蔽日遮光,天气阴沉,造成太阳辐射减少,几小时到十几个小时能见度恶劣,容易使人心情沉闷,工作学习效率降低。轻者可使大量牲畜患染呼吸道及肠胃疾病,严重时将导致大量"春乏"牲畜死亡。沙尘暴还会刮走沃土和种子等,使地表层土壤风蚀、沙漠化加剧,覆盖在植物叶面上厚厚的沙尘,影响正常的光合作用。优云乡沙尘暴主要出现在1—4月份,尤其2月份最多,年平均沙尘日数2.0天。

二、防御

应急要点:关好门窗,可用胶条对窗户进行密封,对精密仪器进行苫盖密封;准备好口罩、纱巾等防尘防风物品;如果是危旧房屋,应马上转移避险;幼儿园、学校采取暂避措施,建议停课;露天集体活动或室内大型集会应及时停止,并做好人员疏散工作。

避险要点:待在室内,不要外出,特别是抵抗力较差的人,如老人、幼儿、慢性病患者,更应该待在门窗紧闭的室内;如在室外,要远离电线杆、高耸建筑物和广告牌,蹲靠在能避风沙的矮墙处;在野外应趴在相对高坡的背风处,或者抓住牢固的物体,绝对不要乱跑;外出时穿戴防尘的衣服、手套、面罩、眼镜等物品,回到房间后应及时清洗面部;一旦发生慢性咳嗽或气短、发作性喘憋及胸痛时,应尽快到医院检查、治疗。

第七节 冰雹灾害

冰雹灾害又称雹灾,指降雹给农(牧)业生产造成的灾害,以及造成人畜伤亡和城市设施受损。冰雹是由强对流天气系统引起的一种剧烈的天气现象,它出现的范围虽然较小,时间也比较短促,但来势猛、强度大,并常常伴随着狂风、强降水、急剧降温等阵发性灾害性天气过程。

一、危害

冰雹是我国常见的一种灾害性天气,优云乡是冰雹的多发区。大的冰雹常常会砸伤人畜,造成灾害。冰雹对交通运输、房屋建筑、工业等方面也都有不同程度的危害。冰雹的危害决定于雹块大小、持续时间、牧草种类及其发育阶段,大的冰雹袭击猛或下雹时间较长,牧草受害就重。牧草的不同生育期抗雹害的能力也不同,生育后期抗害能力弱。优云乡年平均冰雹日数13.0天,冰雹出现概率最大的时间段是6月份,出现概率小的月份是11月份。

二、防御

及时收听(看)气象预报预警信息,了解天气变化趋势,做好防雹准备;注意当天的天气状况,如果下雹季节的早晨凉、湿度大,中午太阳辐射强烈,造成空气对流旺盛,则易发展成积雨云而形成冰雹。故有"早晨凉飕飕,午后打破头""早晨露水重,后响冰雹猛""黑云尾、黄云头,冰雹打死羊和牛"的说法。出现这种天气时,老人、小孩不要外出,最好留在家中,并把牲畜赶回圈内。

当冰雹来临时,及时躲避是首要对策。要迅速在最近处找到带有顶棚、能够避雷防雹的安全场所,防止冰雹的袭击;如在室外,应用雨具或其他代用品保护头部,并尽快转移到室内,以免造成伤亡。

采用火箭、高炮等人工影响天气的方法来抑制或摧毁冰雹生成、发育的气象条件。

第八节　道路结冰

道路结冰指由于降水(如雨、雪、冻雨或雾滴等)碰到温度低于0 ℃的地面而出现的积雪或结冰现象。通常包括冻结的残雪、凸凹的冰辙、雪融水或其他原因的道路积水在寒冷季节形成的坚硬冰层。主要有两种情况,一种是降雪后立即冻结在路面上形成道路结冰;另一种是在积雪融化后,由于气温降低而在路面形成结冰。优云乡的道路结冰平均出现在10月中下旬至次年4月初。

一、危害

道路结冰主要危害交通运输,致使车辆车轮与路面摩擦作用大大降低,容易打滑,刹不住车,是交通事故的重要祸首。行人容易滑倒,造成摔伤。

二、防御

在道路结冰的路上,驾驶员应降低车速,按照公路可变情报显示板上预告的车速行驶,防止车辆侧滑,缩短制动距离;加大行车间距,冰雪路面的行车间距应为干燥路面行车间距的2~3倍;沿着前车的车辙行驶,一般情况下不要超车、加速、急转弯或者紧急制动;需要停车时要提前采取措施,多用换档,少用制动,防止各种原因造成的侧滑;在有冰雪的弯道或者坡道上行驶时,应提前减速;及时安装轮胎防滑链或换用雪地轮胎;服从交通警察指挥疏导。

在道路结冰的路上,行人外出要采取保暖措施,耳朵、手脚等容易冻伤的部位,尽量不要裸露在外;出门要少骑自行车,穿上防滑鞋,当心路滑跌倒;注意远离或避让机动车和非机动车辆;非机动车出行应给轮胎少量放气,以增加轮胎与路面的摩擦力;老少体弱人员尽量减少外出,以免摔伤;如有人因道路结冰路滑跌倒,不慎发生骨折时,若无专业救护知识,不要随意移动伤者,立即与医院联系请求救护,同时注意为伤者保暖。

在道路结冰的路上行走的在校学生过马路要服从交警指挥疏导;少骑或者不骑自行车上学;不要在结冰的操场或空地上玩耍;如果做溜冰运动,一定要做好防护措施。

政府部门要密切关注当地气象预报预警信息,发现路面有积雪,交通、公安部门要根据道路结冰的程度和路面状况,科学合理地采取限速、限量和封闭措施,指挥和疏导行驶车辆;相关部门按照行业规定适时采取交通安全管制措施,必要时关闭结冰道路交通、机场暂停飞机起降、高速公路暂时封闭等。及时撒盐抗冰,并组织人力清扫路面;如果发生事故,应在事发现场设置明显的警示标志,以防事故再次发生。

第九节 草原火灾

草原火灾是指因自然或人为原因,在草原或草山、草地起火燃烧所造成的灾害。草原火灾除造成人民生命财产损失外,主要是烧毁草地,破坏草原生态环境,降低畜牧承载能力,并促使草原退化。

发生草原火灾必须具备三个条件:一是可燃物(包括草和灌木等植物),是发生火灾的物质基础;二是火险天气,是发生火灾的重要条件;三是火源,是发生火灾的主导因素。三个条件缺少一个,草原火灾便不会发生。草原火灾可以预防,可燃物和火源可以控制,火险天气可用预测预报来防范。

优云乡以畜牧业为主,植被良好,牧草覆盖率高,发生草原火灾的概率较大。降水、湿度和风等气象条件是引发草原火灾的主要因素。优云乡上年10月至当年5月,草原火险等级较高,是火灾易发期。此期间8个月的平均降水量为127.6 mm,仅占年均降水量的27.7%,表明这8个月湿度也较小,天干物燥。大风也是影响草原火灾的另一个重要因素,优云乡大风日数多,主要集中在1—5月,占全年的80%以上,8月份的大风日数最少,降水多且次数频繁。

一、危害

草原火灾破坏草原植被和降低优质牧草比例,严重破坏生态环境,制约草原畜牧业的发展,也会对濒危稀有野生动植物构成威胁。发生火灾时,火势猛、速度快、火头高,由于草原开阔,河流少,火借风势迅速蔓延。由于草原风向多变,易形成多岔火头,能见度又低,极易形成火势包围圈,造成人畜伤亡事故。火灾发生后,过火后的牲畜卧盘形成暗火,有时长达几个月,留有死灰复燃的隐患。

二、防御

草原火灾的起因主要有两大类:人为火和自然火。人为火包括:生产性火源(牧业生产用火、副业生产用火、工矿运输生产用火等)、非生产性火源(野外吸烟、做饭、烧纸、取暖等)及故意纵火。在人为火源引起的火灾中,烧荒、吸烟等引起的草原火灾最多。自然火包括雷电引起的火灾、自燃等。

草原防火实行"预防为主,积极消灭"的方针,做好预防工作是其先决条件。一是政府及有关部门按照职责做好防火准备工作;二是加强草原火险天气监测,及时通报火险天气情况;三是加强草原巡查,严格管理野外用火,做好防火灭火准备;四是加强草原防火宣传教育、培训演练。一旦起火,就应积极消灭。

根据草原火灾发生规律和扑火特点,扑救草原火灾必须遵循"先控制,后消灭,再巩固"的程序,分阶段进行。

(1) 控制火势阶段。即初期灭火阶段,也是扑火最紧迫的阶段。其任务主要是封锁火头,控制火势,把火限制在一定的范围内燃烧;

(2) 稳定火势阶段。在封锁火头,控制火势后,必须采取更有效的措施扑打火翼(火地两侧部),防止火向两侧扩展蔓延,是扑火最关键阶段。火被扑灭后,必须在火烧迹地上进行巡逻,发现余火要立即熄灭;

(3) 看守火场阶段。主要任务是留守人员看守火场。一般监守 24 小时以上,方可考虑撤离,防止余火复燃。

草原火灾扑救的基本方法有:人工扑打、用土灭火、用水灭火、用气灭火、以火灭火、开设防火线阻止火灾蔓延、人工增雨、风力灭火机、化学灭火、爆炸灭火和航空灭火等。

第十节 草原毛虫

草原毛虫别名红头黑头虫、草原毒蛾,属于鳞翅目毒蛾科,它与草原鼠害并称为我国草原的两大灾害,也是果洛地区危害牧草的主要害虫之一。草原毛虫主要生活在海拔 3000～5000 米的高山草原,危害莎草科、禾本科、豆科、蓼科、蔷薇科等各类牧草,严重影响牧草生长,造成草原缺草,从而妨碍畜牧业的发展。

优云乡海拔高、昼夜温差大、冬季寒冷,草原毛虫适应这样严酷的条件,一年仅发生 1 代,而且 1 龄幼虫有滞育特性,必需在越冬阶段的冷冻刺激下,到下年才开始生长发育。优云乡 5—6 月的月平均气温为 2.0～

5.1 ℃,月平均降水量为 47.9～81.5 mm,牧草返青主要在 5 月底。其温度、降水和牧草返青为草原毛虫苏醒、生存提供了条件。因此,5—6 月草原毛虫开始生长发育。

温度影响草原毛虫卵期的长短,卵期温度高有利于卵的孵化。温度也影响幼虫出土早晚和牧草返青的迟早,5—6 月温度高,幼虫出土早,温度低则出土晚。羽化期温度低于 15 ℃时,雄蛾不能起飞,雌蛾不能适时交配,产的卵不能孵化,影响第二代发生数量。

年降水量在 500 mm 以上,适宜草原毛虫喜湿的生长特性,充沛的降雨,有利于毛虫的发生。5—6 月降雨多,幼虫出土整齐,牧草返青早,有利于毛虫生长发育,其数量也多。

一、危害

草原毛虫主要破坏草地植被,将成片大面积牧草连根基茎部蚕食,对牧草危害非常严重。其取食是由草顶尖向基部,先食嫩枝绿叶,这种多食性和选择性的取食方式,严重影响了牧草的开花,抑制了牧草的生长和正常发育。相反,使毒杂草逐渐增多,导致草地退化甚至沙化,造成植被演替。毁坏严重的草地植被在两年内难以恢复,单位面积的草地生产能力和载畜量大幅度下降。

二、防御

依据气候因子尤其是温度和降水对草原毛虫灾害发生的影响分析,了解并掌握草原毛虫消长规律,开展草原毛虫的预测和预警,为相关部门提供可靠的依据,及时做好防御工作。

加强县、乡、村三级对草原毛虫的监测和联防联报,及时发现草原毛虫灾害的发生,开展相应的防治工作,是防御草原毛虫灾害的有效手段。

第七章　历史上的气象灾害

根据《中国气象灾害大典·青海卷》和《果洛州科技与防灾减灾手册》中收录的有关气象灾害记录,整理 1961—1997 年间与优云乡相关的各类气象灾害,列举如下。

第一节　雪灾

1963 年果洛州部分地区连续大雪,草山被 30 多厘米深的积雪覆盖,优云乡也出现了灾情,牲畜死亡较多。

1965 年 11 月 16 日—1966 年 3 月,果洛州的甘德、达日、玛沁、玛多等县连降大雪,积雪 30 厘米,优云乡牲畜死亡率高。

1971 年入冬后,果洛州各县 3 次降大雪,大部分地区积雪 40 厘米,全州 100 万头(只)牲畜因吃不到草而大量死亡,玛沁县受灾严重,优云乡牲畜死亡率较高。

1974 年 10 月 22 日—1975 年春,果洛州降雪 30 多次,积雪 30 厘米,受灾较重的玛沁县雪厚达 100～130 厘米;气温下降到－30～－40 ℃,优云乡有大量成畜、羔羊死亡。在玛积雪山上被积雪围困的有 9 部汽车、11 个人,他们打冰挖雪日夜兼程,与风雪搏斗了 8 天 8 夜,行驶了 84 千米,才到达安全地带。

1982 年 2 月中旬—4 月,果洛州的大部分地区,连续多次降雪,部分地区雪量超过历年同期值,积雪厚度 40～60 厘米,局部地区达 100 厘米以上。雪后气温急剧下降,4 月份各地平均气温除少数地区外,大多偏低 1.5 ℃以上,玛沁县偏低 2.4 ℃。上述几场连续大雪,强度大、范围广、持续时间长,加上气温持续偏低,造成优云乡受灾,有大量成畜、仔畜死亡。5月优云乡遭受雪灾,牲畜受灾。

1982年冬—1983年春季,果洛州先后降雪30多场,其中优云乡灾情严重,积雪深度30~60厘米,因灾死亡牲畜较多。

1983年4月23日,花石峡—达日县路线北侧约60千米完全被大雪阻塞,受困车辆达277部,被困旅客近900人,时间达8昼夜。由于雪厚风大、气温骤降,行人饥寒交迫、高山反应,情况严重。在州、县政府的高度重视下,最终解救了全部受困车辆和人员。10月10—16日,玛沁县西部连降大雪7天,积雪深达60厘米,出现秋末严重雪灾,优云乡草场、人员和牲畜受灾。

1984年4月6日—10月,玛沁县西部降雪31次,大雪17次,大风58天,寒潮14次,造成大批牲畜被困和死亡。

1985年10月7—20日,青南牧区(指青海省黄南藏族自治洲、果洛藏族自治洲、玉树藏族自治洲等地)约25万平方千米的地区发生历史上的特大雪灾,积雪厚度达50~100厘米,气温骤降至−42~−24℃。由于降雪早,故大部分牧民和牲畜在夏秋草场的高山峡谷中被困。优云乡受灾极为严重。

1988年10月中旬—1989年3月3日,果洛州优云乡、昌马河乡降雪40多次,大牲畜死亡率达9.35%,羔羊育活率只有54.38%。

1990年3月和4月,玛沁县连续降雪,平均积雪厚度25厘米,个别地区达60厘米。玛沁县灾情较重,死亡成畜6万头(只)、仔畜3.12万头(只),优云全乡也在其中。

1993年1—3月,果洛州境内大部分地区累计降雪46天,降雪量为历年同期的262%,最低气温降至−40℃,雪深达50厘米,最深处100厘米,酿成大雪灾。其中玛沁县西部5个乡草原积雪60~100厘米,面积达60万公顷,有37个牧业社、6352人、20.63万头(只)牲畜受灾,共死亡成畜7.21万头(只)、仔畜4.62万头(只),5乡直接经济损失1292万元,优云全乡也在其中。

1995年1—5月,果洛州降大、中雪数十场,并常伴有大风。降水量比历年同期偏多50%~150%,气温偏低3.1~7.8℃,积雪长期不化。据统计,有538.53万公顷草场被雪覆盖,因雪灾损亡牲畜81239头(只),占上年底存栏数的6.3%。灾情严重的有甘德、玛沁等5个县的30个乡、73个牧委会、291个牧业社,成灾4361户、26942人,缺粮1851户、9302人,缺粮42吨,缺衣被、无帐房者983户、4578人,新增困难户2349户、7924人,患雪盲者837人,患痢疾、感冒者多人,优云全乡也在其中。

1996年1—4月,果洛州降雪28场,其中大雪9场,积雪覆盖6县26个乡,持续时间80天以上,积雪最厚处达40厘米,截至4月底,全州因风雪灾害死亡牲畜18.37万头(只),并有1827人冻伤手脚、3751人患雪盲,优云全乡也在其中。

1997年春、秋季,果洛州6个县普遍遭雪灾,积雪厚度20~30厘米,死亡牲畜6.5万头(只),有1569人冻伤手脚、2986人患雪盲,优云全乡也在其中。

1997年冬—1998年春,果洛州降雪50余场,其中大雪7场、中雪11场,积雪深度20~30厘米,覆盖着达日、甘德、玛多、久治、玛沁5县的63226平方千米草原,有26个乡、9631户、130.7万头(只)牲畜受灾,死亡牲畜20.1万头(只),冻伤1551人,患雪盲1130人,大甘、花吉、满久3条公路的交通被大雪阻断,优云全乡也在其中。

第二节 干旱

1969年6—8月,优云乡降水低于历年平均值,影响了牧草生长,造成次年春季损失牲畜。

1977—1979年,优云乡连续三年春、夏连旱,牧草生长不良,造成牲畜饮水困难而死亡。

1980年,果洛全境遭受春旱,优云乡也在其中。

1990年,优云乡出现了严重干旱,受大风、低温、霜冻影响,牧草生长不良,产草量比正常年减少 20％～50％。

1995 年,青海全省长期干旱少雨雪,发生了大面积旱灾,优云乡也在其中。

第三节　暴雨、洪涝灾害

1981 年 8 月 20 日—9 月 7 日,黄河上游的久治、达日、玛沁、河南等县的降水量均超过 100mm(中心站 8 月 20 日—9 月 7 日降水量为 139.5mm),较历年同期偏多 1～2 倍,黄河上游流量加大,水位增高;9 月的 8—14 日(中心站 8—12 日降水量为 29.7mm,13—14 日降水量为 0.0mm),黄河上游又连降小到中雨。至 9 月 13 日 20 时,黄河龙羊峡段的流量达 5570m^3/s,接近历史上最大的洪水流量 5650m^3/s,龙羊峡围堰前的水位以每小时上升 0.1 米、每天上升 2 米左右的速度上升,其水位已达 2494.78 米,围堰告急,建设中的龙羊峡电站受到严重考验,黄河下游各省区沿岸的人民生命财产受到严重威胁。由于中央、省的高度重视,采取得力措施,以及青海省气象部门的准确、及时、优质、高效的服务,龙羊峡围堰和电站转危为安,顺利渡过了汛期。

第四节　低温冷害、寒潮、强降温

1983 年冬—1984 年春,果洛州玛沁县迭遭风雪,夏秋又遇冰雹、洪水和霜冻。拉加、大武、军功、东倾沟、昌马河、优云、当洛、当项等公社 1481 人受灾,损坏帐房 47 顶,冻伤 67 人,死亡牲畜 13665 头(只)。

第八章　中心站气象站大事记及奖励

第一节　大事记

1960年1月,中心站气象站开始制作单站补充订正天气预报。

1972年3月5日,冰雪融化引起河水猛涨,致使观测场地被淹,水深30~50厘米。

1990年6月,国家气象局副局长温克刚到中心站气象站指导工作,并和职工们亲切交谈。

1995年6月6日,果洛藏族自治州副州长李三旦到中心站气象站看望职工。

1997年12月31日20时后,中心站气象站撤销。20世纪90年代初,为更加科学地布局台站网点,果洛藏族自治州气象局向青海省气象局提出了中心站气象站撤站的建议,得到中国气象局、青海省气象局的支持,于1997年12月31日20时后停止地面观测业务工作,撤走仪器、人员。

1998年6月,中心站基础设施全部移交优云乡。

第二节　获得过的奖励

1981年,董步礼被中央气象局授予"气象测报质量优秀测报员"称号。

1982年,中心站气象站被青海省气象局评为"气象工作先进集体";冯大仓被青海省气象局评为"气象工作先进个人"。

1983年3月,青海省气象局、果洛藏族自治州气象局授予中心站气象站"发扬成绩为开创气象工作新局面而奋斗"奖状;在全省气象会议上,仁侠姆气象站被评为全省气象系统先进集体。

1983年12月,董步礼被国家气象局授予"气象测报质量优秀测报员"称号。

1983年7月,卜宪奎被国家民委、劳动人事部、中国科协联合授予"在少数民族地区长期从事科技工作"荣誉证书。

1985年9月,卜宪奎在玛沁县牧业气候区划项目中,荣获果洛州人民政府授予1985年度科技成果三等奖。

1986年,中心站气象站被省气象局评为全省"气象系统先进集体"。

1987年3月,中心站气象站被青海省气象局评为"气象工作先进集体";蔡占文被青海省气象局评为"气象工作先进个人"。

1987年11月,李葵花在全省地面气象测报技术比赛中,取得规范项目第七名的优异成绩,被青海省气象局和青海省气象学会颁发了荣誉证书。

1988年3月,乔兰措、卓玛措被玛沁县妇联授予"三八"红旗手称号。

1988年9月,卜宪奎获得国家气象局授予的"从事气象工作三十年以上,为我国气象事业发展,作出了贡献"表彰。

1989年6月,中心站气象站被果洛州委、州政府评为"果洛州民族团结进步先进集体"。

1989年8月,中心站气象站派出报务员卓玛措、张强两位同志代表果洛州气象局参加"全省气象系统业务技术大赛",荣获报务团体第二名。

1990年,中心站气象站被青海省气象局、果洛州政府评为"学雷锋、蒙托那义先进集体"。

1991年4月,中心站气象站被中共青海省气象局党组、青海省气象局评为学雷锋、蒙托那义先进集体。

1997年,郑英贤被玛沁县妇联评为"三八女能手"。

第八章 中心站气象站大事记及奖励

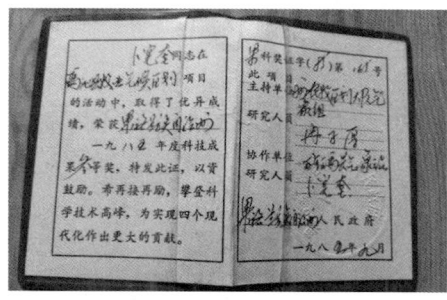

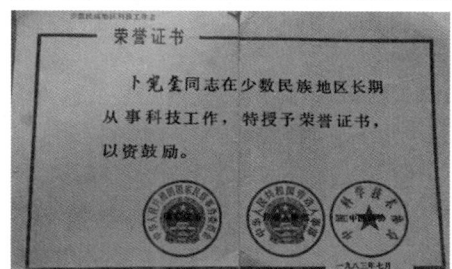

图 48 中心站气象站工作人员的荣誉证书

第九章　小站往事

邀请书

各位在中心站气象站工作战斗过的前辈和兄弟姐妹们：

大家好！有一个气象站叫中心站，它位于青海省果洛州玛沁县优云乡。1997年12月31日20时，它的历史使命结束了。弹指一挥间，20年就这样过去了，那里是你第一次走上岗位的地方，那里是你挥洒过汗水和苦水的地方，你把美好的青春留在了优云，你把甜蜜的爱情收获于心中，你把患难的友情存到现在，多少个日日夜夜，在站里，在草原，在途中，在阿尼玛卿山下，你可能有很多难忘的回忆、工作的花絮，还有调皮的影像，请整理一下，汇集到我们这儿，把那一段为气象事业而奋斗的历程留下来。易智勇同志曾经在此工作过，山巍和刘中策同志经历过在中心站气象站工作的艰辛，参加了撤站工作，希望能将大家工作和战斗的点点滴滴留下。请您转给在中心站气象站工作过的或为中心站气象站做过贡献的人，整理好的材料发给刘中策、易智勇，QQ：379367492@qq.com，834079842@qq.com。并请各位帮忙转发一下，通知到更多的同事。

此致

敬礼

山巍

2017年8月14日

果洛州气象局全体员工给颜宏副局长的一封信

颜副局长：

您好！谢谢您在百忙当中阅读我们的信，听取我们的汇报。原想早给您写封信，详细汇报我州气象部门在近几年中所取得的成绩和存在的问题，但总是觉得越级汇报不太合理，还是州一级的问题，惊动了我国气象部门父母官，带给你们烦事，更不合情，直到今日，有些问题实在不这样做，对工作在我州的气象职工无法解释和交待了。

我州地处青藏高原东南部，全州人口为 12 万人，6 个县。这里平均海拔在 4000 米以上，气候寒冷，玛多县极端最低气温达 －48.1 ℃；地方经济发展缓慢，1995 年全州财政收入突破 3000 万元大关，达到建政以来的最高水平；基础设施落后，全州至今未通市电。冬、春季要全靠柴油机发电，玛多县是无电县，一年 365 天靠油机供电；省会西宁市到州府未通柏油路，可望在 2000 年铺通。

全州气象系统现有职工 135 人，离退休职工 21 人。有 6 个站和一个气象台，主要业务有地面测报、高空探测、气象服务等，各站详细情况见附表。

这次写信，主要将我州近年的变化及中心站气象站的情况汇报给您。

自从 1997 年全省气象工作会议由省政府主持召开后，落实国发 25 号文件有了转折性的变化，地方领导从思想上有了新的认识，同时也重视了气象在发展地方经济方面的重要作用，从州政府到各县政府，不同程度作出了安排，个别县建立了双重计划财务体制，州政府为 3 万元，各县均为 5000 元，目前，落实到位的有一个县，但前景是良好的，这对不景气的地方财政来看，是做出了很大的努力。达日县年初有 3 个月时间，各单位发不出工资，县长、书记同样如此，导致干部无心上班领导无法管理，在这种情况下，该县县长付洛同志决定年底给予 5000 元的支持。虽然各县给的经费很有限，但能体现地方的关心和支持，鼓舞了县站人心。

1995年5月25日,温克刚副局长带领国务院有关部门领导来到了我州,听取了地方领导汇报,视察了州局工作生活环境。上级领导的到来,给我们了温暖,也带来了美好的希望,在这次提出的住房问题上,很快得到解决。42套职工住房,在省局的决定下,建立在了西宁市,解决了全州1/3职工的后顾之忧,稳定了全州气象队伍,促进了气象事业的发展。当提出缺少交通工具时,下拨了8万元专项经费,购买了一辆北京吉普车,工作上带来了很多方便。

今年接通了省—州微机远程终端,实现了填图自动化,提高了预报分析能力,节省了人力、物力。现在又开通了"121"天气预报自动答询系统,为本地开展气象服务更便捷、更准确。

"9210"工程还需我们不断努力,争取地方匹配资金的到位。

各项业务能较好地完成省局下达的任务,气象服务多次得到地方领导的好评。

虽然取得了一些成绩,但存在的困难是很多的,缺少事业费,是困扰我州最大的困难,截止1997年10月,拖欠职工两项基金,职工第三步工改及探亲路费、差旅费达53万元之多,确确实实感到日子非常难过,多次专题上报,省局无能力相助,拖欠的费用越积越多,我们可不知今后怎么办?

所汇报的中心站气象站一事,就是撤站问题,这是我州较难办的,这个站的有些情况您可能听到了。多年来,我局要求该站撤站,直到去年省局才得到同意,上报到中国局后,我们听说还没有研究决定。记得1990年5月,温局长曾视察过该站,看望了工作在这站的同志们,了解了基本情况;今年在全省气象工作会议期间,又向中国局纪检组长刘英金同志专题汇报;原省局副局长宗曼晔同志也听取了该站的有些情况;我也向曾于去年底来果洛州玛多县气象站的中国局张昌同处长写信反映了这个站的情况。我们为何多年来,多次反映这个站情况,主要原因是这样的:

该站位于果洛州玛沁县优云乡,处在海拔6282米的阿尼玛卿山西南山腰中,海拔4211.1米,全乡总人口1300人,机关干部最多为50人,平

第九章　小站往事

时只有十几人在岗。工作艰苦,生活十分清苦、单调、孤独、寂寞。

自 1986 年通往果洛州府的公路改道后,途经中心站(优云)的车辆明显减少,每年到了 11 月至第二年 5 月,高山被积雪覆盖,道路封死,去达日、班玛县的车辆从玛沁、甘德县通过,优云乡年年在这时候就成了交通的死角,被世人遗忘的角落。由于交通中断,很多事情就难办了,生活物资无法运到;人员无法接送;气象资料长时间送不出来……给工作和生活带来了很多难题。

在长达 7 个月时间中,气象站职工和仅有的几个乡干部坚持在这里,吃菜无指望,仅靠一点大白菜、土豆来维持生活。这些菜在寒冷的夜晚,室外气温降到 $-30\ ℃$ 以下时,室内的火炉再也无法把 15 平方米的空间温度提高到 $0\ ℃$ 以上,早晨醒来,被头是霜,水桶里是冰,毛巾变成冰布,那些用皮毛覆盖的大白菜、土豆,终于无法忍受寒冷,而变成了朵朵冰块,职工的生活受到了严重危害,只能做一些米饭,撒一点盐,用青油再炒一下食用,那时候他们多想吃一口新鲜绿菜和肉,可是办不到。

1988 年,州局为气象站修建了一排值班室和宿舍,年久失修和牧区施工单位技术不高等原因,现已成危房,可以从室内看到天空,四周多处裂缝,既不保暖又不安全。加之国家地震局发布的地震预报,1997 年及近几年我州是全国 11 个重点地震区之一,有可能发生强烈地震和特大地震,这样的土木结构的房屋是不堪一击的,直接影响着工作和生命安全。

在这些地方生活着,营养不良,体质普遍差,胃病、关节炎、高原心脏病等无法避免,乡医疗所缺医少药,职工有病不能及时得到诊治,一拖再拖,小病拖成大病,大病花大钱。人是最根本的,保证了人的生存,才能保证业务工作的正常运行,一旦人的生命受到威胁时,结果不堪设想。

该站站长郑英贤同志成家后,小女孩已长到 4 岁,由于种种原因,孩子无处托管,只能带在身边,吃不好、睡不好,到了冬季要遭受严寒和狂风雪的吹打,还要被困在几个平方米地方作为孩子的活动空间场地,享受不了托儿所、幼儿园的教育和乐趣,不知他们心中渴望的是什么,憧憬着美好的明天在哪里。

这些问题,州局领导是清楚的,是了如指掌的,但最担心的也就是这些问题。我们也采取了一些措施,职工工作时间达 3～5 年,便调离该站;职工探亲回家,派车接送;职工得危病、急病,及时出动人员、车辆护送;每年元月、2 月送工资、送年货等。而在大雪封路时,车无法行驶、人走不到,有时眼看还有十几公里的路程,小车就是无法到达,所送的蔬菜冻了,人难以送到。如果,这时是去接急病职工的话,很有可能不能及时救急。所幸运的是,多年来职工们克服了常人无法想象的困难,没有发生一件人员伤亡事件,这些问题不早解决,不防患于未然,是不人道的,是对人类的一种摧残和折磨(有关领导的谈话),解决这些问题的根本办法是撤消中心站气象站。

回想起该站职工的奉献精神,工作作风,令人敬佩。

1993 年冬季,刚参加工作不久的李雨瑛同志,回家去结婚,在假满前踏上了回站的路,旧路已经封死,只能先到州上再想办法找车去站,可在州上等了几天时间也找不到一辆去中心站的车,眼看假期已到,急得小两口不知怎么办好。最后,先绕道达日县,自己掏钱租了一辆小车。从达日到中心站仅有 80 公里,平时 1 个多小时也就到了,可他们在冬季积雪时节行驶,走了 50 公里后,再也不能正常行驶了,茫茫大雪,哪里是路也看不见,只能探索着,一边挖雪,一边走,手也冻了,脚也不听使唤了,强烈的阳光也刺坏了眼睛,所带的食物吃完了,行走了两天时间,没有前进 10 公里,寒冷、饥饿时刻威胁着他们,司机再也不想走了,无奈之下,又调转了车头……

记得有一年大雪封山前,原该站职工苏炯同志从西宁—花石峡回站,车到花石峡不慎抛锚,只能等其他车辆,这里海拔 4400 米,风大、寒冷,站在路边等待过路车,人是要受罪的,夜晚临近他终于等来了一辆大卡车,可 3 人的驾驶室已有了 5 人,后面还装满了货物,他只好座在货物上面,心中是很高兴的,也是很幸运的,他带着冻僵的身体按时回到了站。

说起这些事情,每个人都能讲出一段感人的经历。他们为了工作,也为了生活,放弃了家庭的温暖,告别了家人,远离故土,做出了无私的奉献,奉献了青春,奉献了中年,直至奉献了子女。只因为有了这样一批人,该站多次得到上级部门的表扬,他们为我州气象工作做出了很大成绩。

自 1959 年建站以来,一批又一批气象工作者奋斗了 38 年时间,取得了宝贵的 38 年气象资料,这些资料能满足各行各业的需求,我们再没有

第九章 小站往事

必要等到这个站发生人员伤亡、住房倒塌、缺测缺报时,才得以重视和想办法,况且这些问题是可以预见的,我们就应拿出一个应急方案来,这个最佳方案就是撤去这个站。全州135名职工恳求中国局、颜局长考虑,争取早日得到撤站决定的喜讯。我们也衷心地欢迎颜局长来青海、来果洛检查指导工作。

附:1. 全州各站基本情况表。(略)
　　2. 果洛州交通图(略)

致

敬礼

青海省果洛州气象局　　局长：　塔巴扎西

副局长：　山嶷　铁顺富

《中国气象报》信息联络员：　马如龙

一九九七年十月三十日

图49　1998年1月19日《中国气象报》二版头条刊登过这封信

《青海气象工作》总323期　编者按:1997年10月30日,青海省果洛藏族自治州气象局近90名职工联名向中国气象局颜宏副局长写信,全面汇报了果洛州气象部门近年来各项工作情况和高原气象工作者扎根高原,艰苦创业的无私奉献精神,以及果洛州中心站气象站所面临的多种困难和问题。这封信引起了颜宏副局长的高度重视,他在百忙中及时给果洛州气象局写来了回信。这充分体现了中国气象局对青海气象工作的高度重视和对基层艰苦台站的关心。现将颜宏副局长的回信刊登如下,望全省广大气象工作者认真学习,努力工作,不辜负中国气象局对青海气象工作者的厚望。

中国气象局颜宏副局长给果洛州气象局的回信

青海省果洛州气象局全体职工:

前期出差在外,回来后看到您们的来信,迟复为歉。

中国气象局党组对艰苦台站的情况一直非常关注,特别是今年全国气象测报工作会议以来,对全国的站网调整进行了认真的研究。最近局党组已经批准同意撤销果洛州中心站气象站,估计现在你们已经收到关于撤销中心站气象站的通知。

多年来,中心站,以及果洛州,乃至青海省广大基层台站的同志无私奉献,艰苦奋斗,功不可没。全国气象事业的发展,有你们的功劳,有你们的贡献。全国气象工作者感谢你们,全国人民感谢你们!

希望你们继续发扬特别能吃苦,特别能战斗,特别能忍耐,特别能奉献的优良传统,敬业爱岗,深入学习贯彻落实十五大精神,同时希望你们认真组织好同志们的学习培训工作,为迎接即将到来的大气监测自动化建设,为迎接青海省艰苦地区的测报自动化建设做好提高人员素质和转换运行机制等方面的各项准备工作。

新年来临,祝你们在新的一年里取得更大的成绩!

顺致

敬意

中国气象局颜宏

一九九七年十二月十五日

第九章 小站往事

一份尘封 55 年的入党志愿书

徐旭初

就是这份手续齐备的入党志愿书,已经相伴我 55 年。当我离世之后,将带着她一起火化。

中国共产党入党志愿书　申请人姓名:徐旭初
支部大会通过接收申请人为预备党员的决议
支部大会正式党员全体举手通过
支部名称:中共果洛州级机关直属第四支部
支部书记签名盖章:任孝悌
介绍人姓名:
邢玉琴 党龄 3 年 现任职务:兽医　　　1960.11.21
任孝悌 党龄 4 年 现任职务:副所长　　1960.11.21

游子吟

1938 年,我出生于江苏省无锡市一个窑工家庭,母亲在纺织厂工作,家中还有两个妹妹,属于严父慈母型家庭。天不亮就上班,天黑以后才下班(两头黑),繁重的劳动和五口之家的家务压得母亲积劳成疾。为了生计,父亲还租了三亩薄田,既做工又务农,还要给我母亲请医买药,任劳任怨,一家艰难度日,我读初中是申请减免费的。母亲待我就似心头肉,百般呵护,宁可自己少吃一口,也要让我多吃一口;宁可自己多做一点,也好让我省力一点,即使这样我也少不了吃糠饼和麸皮团子,妹子的生活质量比我还要差。母亲也有呵护过头的地方,决不允许我去河里游泳,唯恐溺水,因此生长在水乡的我至今还是个旱鸭子。家庭如此贫困怎么还让我去读书呢?是父亲不愿让我像他那样再当窑蛮子(城里人对窑工的贬称)。

1954 年我初中毕业,因为成绩差,考不取高中,失学待业。一个 16 岁的小伙子,全家人勒紧裤带省吃俭用供我读书,结果落榜。我辜负了父母的厚望,非常惭愧,就跟着父亲一起搬砖头、烧窑、种田、种菜,把体力活干起来,母亲再心肝宝贝也无可奈何。

1956年3月,青海省农林厅来无锡招生。明知父母舍不得我远离他们,但我还是不顾双亲难以割舍的心情,不计后果地报了名。理由是:一,失学在家,无地自容;二,要为贫困家庭减轻负担,让两个妹妹的日子好过一点。什么青海边远,青海艰苦,哪怕是天涯海角,再远再苦我认了。这一走我的两个目的是达到了,但代价也是沉重的。这时候男孩子要为家庭担当的责任心和慈母的疼爱心产生了激烈的碰撞,结果是孩子远走高飞,慈母以泪洗面。赴青海后,我第一次探亲是学校放寒假回家过春节,全家是万分激动,无限欣喜。第二次探亲时隔五年,母亲倚门盼儿归的心情用望眼欲穿已不足以表达。写到这里,60年前离别的情景和长期分开的思念又在心头涌现,我现在也是泪洒稿纸。五年才能相聚一次,这能和"孝"沾上边吗?那是什么?谁知寸草心,报得三春晖。

如愿以偿

在西去的火车上,听着青年男女的欢声笑语,背井离乡、依依不舍的心情,前途如何的担忧等等暂时抛开。火车到达兰州后,要换乘卡车去西宁,交通、气候、生活等条件都有了变化。每辆解放牌卡车要坐32个人,男女同车,行李当坐垫,车子行驶在沙子路面的公路上,尘土飞扬,个个饱尝沙尘之苦。经过一天的颠簸,傍晚到了西宁,吃住早已安排妥当,在昏暗的灯光下,度过了第一个夜晚。早晨起来有些同学嘴唇开裂,甚至出血,那是气候干燥所致。白天自由活动,相互结伴逛西宁城,一是感到眼前一片灰黄色;二是秦腔之音不绝于耳;三是听到老西宁的顺口溜:山上不长草,房上马儿跑,大姑娘不洗澡,一个警察全城都看到,大轱辘车满城跑。看到这种样子,有些同学失去了信心,不久就回无锡了。我是有备而来的,不达目的誓不罢休。

虽然没有分配工作,没有定级,也按月发给我三四十元的津贴费。我拿到钱后,立即奔向邮电局,尽我所能地给家里汇款,欣喜若狂。

我们所在的单位是青海省农林厅移民垦荒局大地勘测队,我就在勘测班上课。在此期间每当吃青稞馒头时,总觉得难以下咽。

学习半年,就兵分三路进草地实习,仪器及吃、住、行、穿等所有装备几乎全是新的,只是老羊皮大衣的膻味太重,难以接受。测绘工作是苦差事,大本营驻扎在县城附近,我们三五个人一组的小分队奔波在美丽的大草原上。除了工作,住的是自己搭的马脊梁帐房,睡的是行军床,吃喝拉撒全部自理。我干的是水准测量,天天往前跑,越跑越远,因此常常搬家,少数时候回大本营改善一下。

青海的冬天早早地就来了,当我们满怀信心,力争各个项目都顺利完成的时候,水沟已开始结冰,晚上睡觉要带上皮帽子,第二天早晨起来,皮帽、眉毛上都结了霜。不久总部命令我们撤出草地,回西宁整理资料,接受冬训。这时河面已经封冻,但还不太结实,人人穿上毡靴(底大柔软,压强小)小心翼翼地磨着冰层过河,不时看见脚底冰层下的大气泡在晃来晃去,让人提心吊胆。

冬训实际上是休整,比较宽松,除政治、业务学习外,还适当地改善生活,搞些文体活动。最热闹的要数晚上的舞厅,架子鼓、手风琴,吹拉弹唱,气氛热烈。舞池里,俊男靓女翩翩起舞,令人羡慕。此时我也跃跃欲试,遵循"一站、二看、三转、四会"的规律,参与了进去。冬训期间,还进行了评定级别的工作,绝大多数定为行政 25 级,从此,我们成了最低级别的国家干部,也能够按月给老家寄钱了。

1957 年移垦局下马,将一部分人集体转到青海省气象干部学校(后来改名),开始了二年制中专的正规学习,停薪留职,享受助学金待遇。我 1959 年毕业,拿到了西宁气象学校颁发的毕业证书,减轻了一点儿考不取高中的郁闷,如愿以偿。

入党

我们 6 名同学分配到果洛藏族自治州,由我带队到首府所在地的吉迈气象站报到。沿路发现废弃在道旁的汽车,看到在驾驶员座椅的靠背上留下的弹孔,可能是 1958 年平叛之后还有小股土匪在活动。

吉迈气象站北临黄河,南面群山,海拔 3990 米,季节只有冬冷夏凉之分,周围有起伏的草地,远处是山沟,虽不是喧闹的城市,却也幽静而清新。河水清澈见底,丛山黛色沉稳,名副其实的天蓝、地绿、水清、山美,可惜是没有树木,不长庄稼,但我们都愿意留在吉迈工作。可能因为我是工人家庭出身,是共青团员,有学生会生活部长等履历,又是6位同学的领队,所以把我和窦金南留在吉迈,其他同学都分配到各个县站去了。当时州级机关已有迁至大武的计划,汪占海站长也在做成立气象局的前期准备,就在我跟班实习期间,他就把文件、书刊、德制轻机枪交给我保管,不久交待我起草文件,我一头雾水,这不是赶鸭子上架吗?只能利用空闲时间认真阅读上级、平级各部门的文件,领会汪站长的行文意图,苦思冥想,穿靴戴帽,勉强交卷。

1959年8月,我被派去参加青海省气象局举办的检查员培训班,培训以后担负州气象局台站管理工作,本来应该是有实践经验的同志参加,我去确实太嫩了点。但我不自卑,不打退堂鼓,把压力变为动力,埋头苦学,虚心请教,圆满完成学习任务以后回站。

1960年,我和本站南京气象学院毕业的镇江籍测报员汪锦霓结婚,有了家庭过日子就不一样了,夫妻双双捡牛粪(唯一的燃料,做饭、烤火全靠它),自给有余,省下了一笔可观的烤火费。我们在工作方面也倍加努力。这一年的上半年,汪站长让我写入党申请书,下半年让我填入党志愿书,他对我信任和关爱的知遇之恩,铭记终生。我没有辜负他对我的期望,谦虚谨慎,不骄不躁,进步显著,得到了同志们的好评和领导的赞许。

1960年11月21日,是我终生难忘的一天,我的入党申请在中共果洛州级机关直属第四支部的支部大会上,正式党员全体举手通过,这是我新的起点,我一定再接再厉,继续努力,更进一步。

1961年春,汪占海站长随同州级机关一起迁往大武,经他一手培养的我也列入其中,并为我们联系好了便车(没有班车),我们整装待发,遗憾的是车子没有来,只得打开行李,继续留在吉迈站。这种被动等待,使我丧失了去州局的机会,改变了我们的命运。

在吉迈期间正值三年困难时期,环境艰苦,缺少食物,有人被迫吃野草籽,有人饿得浮肿。

面对饥荒,全站动员搞副食,一是开荒种菜,二是组织人马进山挖角麻,三是到黄河河岔里网鱼,只留三人在站里坚守岗位,汪锦霓也在上山名单中,我留站负责。气象站是 24 小时值班,要观测,要放测风气球,要制氢,要发报,要摇电。留站工作的人辛苦,上山挖角麻的同志更辛苦,餐风露宿,太阳暴晒,紫外线灼伤皮肤,回站后人人脸上都掉了一层皮。他们通过艰苦卓绝的劳作,换回了数量可观的角麻,少量虫草,根本上挡住了浮肿的蔓延。地里的青菜、蔓茎收获很多,起到了粮食不够瓜菜代的作用,网到的无鳞湟鱼鲜美可口,气象站团结一心搞副食,自力更生度难关,行之有效。

就在大家为填饱肚子绞尽脑汁的时候,海南州河卡气象站的无锡籍女同学陆仪贞寄来了一封信,内装 10 斤粮票,一丈布票,这是用金钱买不到的情谊,不知何故我没有表示,至今感到亏欠,时今同学会见面,彼此不提往事。

独当一面

机遇稍纵即逝,勇敢、果断者能得到,懦弱者被机遇抛弃。我们失去了到果洛州气象局工作的机会。1963 年,我们被派到仁侠姆气象站工作,让我担任领导职务,该站海拔 4211 米,是优云公社所在地,气候条件恶劣,生存环境很差,我义无反顾。仁侠姆气象站用的是玛沁县搬走后留下的房子,设施不配套。值班室远离宿舍生活区,蜷缩在另一个院子的草皮墙角边,观测场又建在离院墙外 30 米的荒滩上(满足场地周围空旷无障碍物的观测要求),形成了孤零零的值班室,孤零零的观测员和孤零零的观测场。值班室是一个约 10 平米的毡棚,里面除了气象站共有的气簿、气表和水银气压表外,还有台收发报机、一支长枪、一把手枪和若干子弹。这些武器是给特殊的地方起特殊作用的,但是也潜伏着危机,枪弹是土匪和不法分子的最爱,半夜三更,如果来两个劫匪夺枪,施暴,行凶,受害者生不如死。

月光下,数百米外的无名墓地进入观测员的眼帘,几个坟头清晰可见,远处的狼声、狐声、凄厉之声声声入耳,叫人毛骨悚然。在暴风雪的黑夜,在风沙遮天蔽日的白天,当人们都跑回家关门闭户唯恐避之不及的时候,我们的观测员不假思索地离开值班室,穿过草皮围墙上的木板小门,走向观测场,抬头注视着风速器,捕捉瞬间风速。这些宝贵记录是气象人用无私无畏的奉献精神换来的。站里唯一的女同志汪锦霓和其他观测员一样,日复一日、月复一月、年复一年地在此坚守,实是难能可贵。

在艰苦和困难面前我时刻用共产党员的标准衡量自己,以身作则,吃苦受累,总是走在前头,分工合作,充分发挥每个人的长处,让大家放开干,干得乐意,工作开展得有声有色。

我们认真开展气象服务工作,把每天的24小时预报和72小时预报张贴在民贸公司的大门口。遇到特殊天气,就以书面形式把天气预报和建议送到各个单位,为领导开展工作起气象参谋作用。还克服距离远,牧民语言不通,地点不固定等困难,把气象服务、气象知识和气象哨送到牧民帐房。

气象站全是小知识分子,报纸上的毛主席语录歌、革命歌一唱就会,不仅本站唱,周边单位的同志、家属也来唱,"亚非拉人民团结起来"的歌声响彻中心站地区。

中心站地区植被严重沙化,找不到牛粪,生活物资匮乏,虽然已过"三年困难时期",日子仍不好过。省气象局过往的汽车,直接给我们送物资的汽车都会给我们捎带一点副食,那真是雪中送炭,能解燃眉之急。我们也尽地主之谊,将他们奉为上宾,好酒好菜热情招待,一醉方休。站里面这种额外支出,全由我和汪锦霓承担。第二天,两辆解放牌车驶向草滩深处寻找搬走帐篷后留下的牛粪墙,数量之多,只少力气搬。当大家精疲力竭的时候,换来了满载而归的丰收,两卡车牛粪卸在院里堆得像小山一样。苍天不负有心人,在气象人的共同努力下,在大气候的好转下,生活在逐步好转。

1965春天,州气象局来站召开"学习贯彻省气象政治思想工作会议精神现场会",省局有关领导,州局汪占海局长,州属各气象台站的领导都参加了会议,大家对我们站的工作成绩给予肯定,荣誉是过眼烟云,业务工作的实绩才是目的,会后全站同志一如既往地辛勤工作。在会议期间,因为与会代表里有几位篮球高手,我们联系兵站解放军(篮球场是玛沁县留下来的)来一场友谊赛,结果气象站大获全胜,一出以往老输的闷气,这次球赛给整个中心站地区留下了积极的印象。

  1967年夏天的某个午夜,三声巨响震醒了我,有情况,我是基干民兵,赶紧起床。山背后发现土匪要袭击中心站,当我给马套马嚼子的时候,汪锦霓也把三零步枪、子弹带、马上用品拿出来了,报务员孙福中赶来帮我一起紧马鞍,绑马搭子(行李),很快准备就绪,在我解下缰绳准备上马的时候,我跟他们说了句"我走啦!"然后跨上马背,策马扬鞭,赶队伍去了。

  在黑夜里,马队有序地小跑前进,当时虽然紧张,心里想的只是服从命令听指挥,绝不掉队,骑上马背没有退路,只想怎样消灭土匪,完成剿匪任务,心情由紧张转为比较平静、理智。队伍在山坡下停止前进,说土匪就在山坡那面,把马拴紧,民兵一字排开上坡,准备交火。上坡后,兵站领导宣布这是一次夜间演习,每个同志都表现正常,拉得出,打得响,达到预期目的,撤!这一次,我和18位民兵一样是骑马挎枪去剿匪的。

再填入党志愿书

  1969年省气象局为照顾长期在艰苦台站工作的同志,进行了一次规模较大的人员调动。我和汪锦霓调到格尔木中心气象站(下辖五个气象站)工作,那里海拔2800米,在柴达木盆地的西面,是青藏公路的枢纽,南面是唐古拉山,东西两面都是戈壁沙漠,北面是察尔汗盐湖,万丈盐桥就在这里。西藏驻格尔木办事处和运输进藏物资的部队都驻扎在这里。交通方便,物资也相对丰富,比中心站气象站的气候条件,生活条件明显要好。我俩也很快地融入了气象站的大家庭。

  气象部门的体制在20世纪70年代变动多次,块块领导(格尔木县),条条领导(省气象局),人武部领导,站长也变来变去,负责业务工作的我一直未变。我认真负责、积极肯干的一贯精神同样得到了格尔木中心气象站同志们的认可,同样得到了上级的信任。1972年6月12日,在王雅利教导员的关心帮助下,由复员军人、老报务员武科喜等同志介绍,格尔木县人武部党委批准我为正式党员,时隔12年,个中滋味只有自己知道。因为我为共产主义事业奋斗终生的信念矢志不渝,所以把我放到共产党领导下的任何地方,我一定会入党。

几个小故事

初到格尔木,整个地区家家户户把沙柳根作为燃料,我们是各家组织力量,单位提供卡车,用"互助组"的形式轮流到几十千米外的大沙柳包挖树根。那家伙埋得不深,只要把大沙包表面的沙土挖掉,弯曲、平躺、粗壮的沙柳根就挖出来了。

唐古拉山上有江河源所在地的沱沱河气象站和五道梁气象站,海拔都在4500米以上,气压低,气温低,空气稀薄,特别是五道梁气温低到不能盖砖混结构的房子,生存环境恶劣,孤苦伶仃,生活物资供应困难。在1976年,中央气象局戴帽下拨给格尔木中心气象站一辆北京吉普车,当时县委大院也只有两辆,地方单位都还没有,重点是为台站服务。我每年都要去台站了解情况。

五道梁气象站砖混结构的新房,冬天严寒冻土很深,把墙基拱了起来,墙身开裂,变成危房,夏天解冻,墙基又沉了下去,几次折腾,就得重盖。为解决这个难题,省气象局下决心改用木结构,派我和严志远两人专程到哈尔滨去订购木结构房子,因费用昂贵,未办成。后来采取深挖基础,把墙体架空的办法,妥善解决了。

尾声

在4211米高海拔地区,不利于孩子成长,我们把五个先天不足的孩子交给了我的父母,结果把母亲拖垮了,孩子成长也受到影响。1976年,在中央政策允许的情况下,工龄20年,年龄38岁的汪锦霓提前退休,落户无锡。1980年,我也结束了为气象事业执着奉献的激情燃烧岁月,离开了青海,内调到无锡第一丝织厂,到一个和气象工作毫不相干的企业当小学生。在厂里学了企业管理知识,体味到了纺织工人夜以继日的艰辛。18年碌碌无为,蹉跎岁月。1998年退休后又干了三年居委会书记,贴近生活,熟悉社会,不无裨益。

我至今还有一种为社会尽绵薄之力的责任感,我曾冒着酷暑,克服困难,为精神病障碍者办低保。在社区综治办领导下,臂戴红袖章,在大窑路地区值班巡查,生病住院就叫老伴代班。

我和两个妹妹常来常往,端午节前,吃了三次小妹妹亲手包的粽子,兄妹情深,年轻时的离别之苦,年老时弥补,先苦后乐。

女儿请我看京剧,于魁智、李胜素、赵葆秀、陈少云……名家荟萃,我请陈派名家迟小秋老师签了名,过了一把剧迷瘾。

曹禺先生在《雷雨》中借用周朴园之口说"无锡是个好地方"。今日无锡,蠡湖周边,公园连片,堪与西湖媲美,更比西湖大气,每个公园繁花似锦,目不暇接。今日无锡还在向天蓝、地绿、水清、人美的方向努力,已见成效。我们充分利用政府给老年人的各种优惠政策,吃喝玩穿,游山玩水,过着神仙般的日子。

人生似梦,岁月如歌。

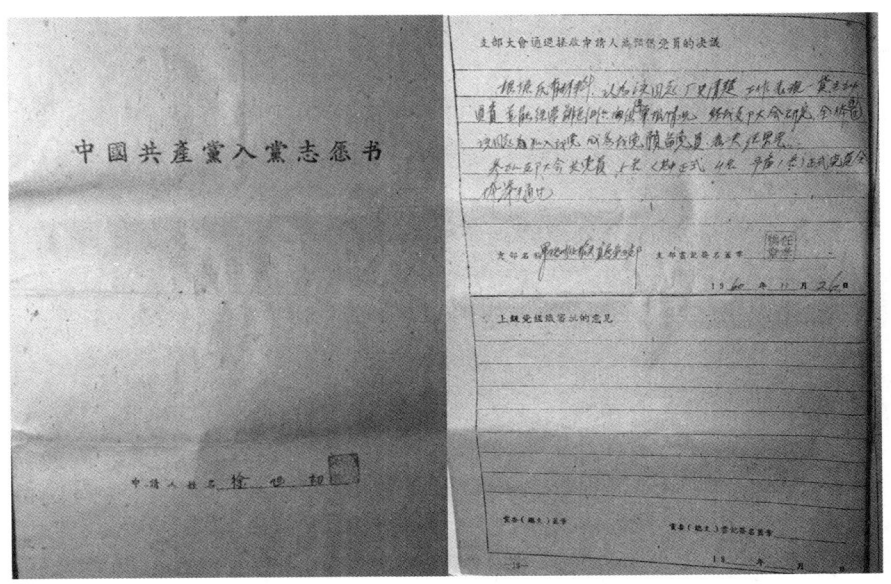

图50　徐旭初同志的入党志愿书(系未被收录档案的资料,可公开)

个人简历：

徐旭初　生于1938年，1956年青海省移民垦荒局从事大地测量工作，1957年青海省气象干部学校学习（1958年改名为西宁气象学校），1959年毕业分配到果洛藏族自治州吉迈气象站工作，1963年调至仁侠姆气象站任负责人，1969年调至海西蒙古族藏族自治州格尔木气象站工作，1972年入党，1975年任格尔木气象站副站长，1980年内调至无锡第一丝织厂任办公室主任，1998年退休。

往事回忆

卜宪奎

1959年，我毕业于西宁气象学校，在填写志愿、决心书时，因家庭出身是地主，要求到最艰苦、最需要的地方去锻炼，接受再教育。因此，我被分配到果洛藏族自治州。

当年六月，我们12名学生在来接的同志带领下，踏上了去果洛的班车。本来属夏天的时节，一路上看到的都是皑皑白雪的山头，呼啸而过的劲风，夹杂着飞舞的雪团或冰粒，砸到车厢上响声阵阵，一会儿阳光普照，一会儿大雪纷飞。

身上穿着皮大衣、脚蹬毡靴、头上戴着皮帽子、皮手套护着手，感到了沉重的负担。遇到不好走的路段或沟沟坎坎还得下车，甚至要推车前进，一步三喘晕晕呼呼。

才到鄂拉山口就有的同学面色发黄，且有呕吐之状，同车知情者告诉我们："这是高山反应，还需经过温泉山、玛卿雪山，后面更艰难。"

第一天近掌灯时分到恰卜恰，第二天半夜到花石峡，第三天赶到黄河边能看到州府吉迈的时候，太阳已下山了，汽车开到渡船上才能到对岸。

接送我们的同志指着这里的黄河说："三年前吉迈建站时，代加洗（我们气校教务处主任、老师）的一包文件掉在河里，他为了防止泄密，举起手枪将其击沉，就在这个地方。"当20世纪80年代他以省局局长身份去班玛检查工作，我叫了声"代老师"，小同志们投来疑惑的眼光，我说明那是廿多年前的在校习惯。

不论在班车上、路上，还是吉迈的大街上，带枪的人很平常，多是短枪，跨着武装带，像当年的武工队，这里还有残匪。

在吉迈实习后，我们4人被分配到中心站建站，首先接触的也是武器，值班室里有一长一短，长的762步枪带有三棱枪刺，领导教大家如何使用，注意安全，枪口不得对人，以防万一，并交待"土匪喜欢这些东西"，要提高警惕，不然要付出生命代价。

中心站名字来源于花吉公路的中间段，原为玛沁县县政府所在地，后来玛沁县县政府迁到了大武，大武的名字来源于藏语"达无"(马没有啦)，相传一位牧民在那里丢失了马匹，困难太大无法找到，因此也叫"达无滩"，即大武滩。

我们在中心站建站时，地图上标为"仁侠姆"，当地老乡说："这一带有五条小河汇入玛曲(黄河)，这条河为大，由东向西流经这里。"全称果洛藏族自治州玛沁仁侠姆气象站。记得有一次我拿着果洛藏族自治州玛沁仁侠姆气象站的公函去省局供应处领取物资器材时，管理人员不解地摇头怎么叫这么长的名字，我说："玛沁是个县"，可能是印制公文缄的时候漏掉那一个"县"字造成的误解。

地图上还曾将这里标为"依盖奇"，玛沁县的派出机构"依盖奇工委"就在这里，后来也称它为"优云公社"，现在地图上使用的还是"优云"二字。

就中心站常在一起学习开会的各单位人员来说，气象站是最多的(8人)，而粮站、邮政都仅有1人，银行2人，民贸公司4人。再就是常不在一起的兵站、养路道班。食宿站(我们曾搭过伙)不久迁到了昌马河去大武的岔道上。

我们居住在原玛沁县公检法的院子里，一排十间面向东朝公路的屋子，靠南头两间曾作为剿匪中牺牲的烈士太平间，无人敢居住。随着时间的推移，知道的人少啦，也不再提起，就随便啦。这些屋子位置在中心站最北面，临近小河，木石结构，铁皮房顶，因后面原是监狱，无后窗，同在院里的五间朝南屋,后面是院外,也无后窗,同样为木石结构,铁皮房顶。通往北面河边的角门曾因被土匪破坏,两个哨兵被杀害拆除了一段时间,改为了土碉堡和壕沟。先后有国营玛沁牧场、邮政、外贸在那里住过,他们一一搬走后,这些屋子全归属了气象站。

生活用水是从河里挑来,常年多为挑来冰化水,冰上跌倒是难免的,要爬起来得先喘几口气,扶着冰跪在那里,才能慢慢起身。1970年后有了水井,一年大部分的月份都得用铁钎子打冰取出冰、水混合物。

牛粪在高寒草地成了生活必需品,是提供做饭、取暖的唯一热量来源。开始时,在牛粪火上烤馍难免有烟熏的情况,不易被人接受,若注意一些是会避免的。其实火炉上烤吃的东西也是一样,因为烧的是牛粪,总会有烟冒出来,注意是一方面,细究起来到也无妨,而且环境能改变人的习惯,时间能磨练人的性格,生存的现实迫使你必须这样。住房的近一半是牛粪的天地,它的气味和尘埃随时都可以"侵犯"房间里的任何部位,饭桌、食品都不能幸免,床铺更是不在话下,因为人做饭、取暖总是要捣持它。当然住的宽裕或盖起了牛粪房,问题就解决了。当你能吃上牛粪末烧出的"崆锅"你又何等地高兴。缺它的时候你会发愁,出外将其一块块捡起,有时还得弄掉寄生虫什么的,装入麻袋背回家,人在途中常常被大风吹得东倒西歪,只得捂着脸前行。

蔬菜在这里算得上奢侈品,可以这样说,"买一只羊能去换几斤青菜",那还得是有办法的人。而一只大羯羊8元,牛奶一斤才5分。那时,我们炖羊肉用现在价格高昂的"虫草"代替青菜。虽然早草当时也属贵重,老乡卖一根一角,外贸收购每斤12.6元,质量要求严格,它属补品药材。那时的虫草粗壮得多,深黄颜色、头部褐黑色似两只大眼睛,足部明显,像一只活虫头上顶着尾巴(草),很喜人。

我在背风向阳的地方种了片蔓菁,气候所致这片蔓菁的根茎很小,我只求用它的叶子做菜。引得有孕的家属常去光顾,拔下洗洗擦擦就放到嘴里,看到了真让人心酸!

后经牧民老乡指点,认识了"戈华"(野葱、蒜)、蘑菇、野菠菜等,不惜满山遍野到处去找。

第九章　小站往事

　　另有一件难于启齿的事是上厕所。先前在院外、墙角、壕沟、土碉堡，只要能避开人即可，或搬几块草坯挡一下，不分男女，需用时注意观望。但常有尴尬的局面，令人啼笑皆非，有时互不谅解，以至于恶言恶语。可能"不方便"一词就出在这里。

　　随着家属、女同志的增加，1970年站里建了男女厕所，却错选在大风肆意侵袭的上风方，厕所后面为空旷地带的河滩，坑位离地面又高，风从下面卷上来，刺骨的寒风能把人掀翻，难言之苦无法表达，所以大多数的时候我还是去"打游击"。

　　观测场选址在气象站外围，土碉堡、壕沟之外空旷的上风方，十分符合观测规范要求，周围几十米无任何遮挡物，与烈士陵园相伴。但是观测场的环境不便于工作、生活，更谈不上安全。周围没有可利用的房屋，值班室只能搭蒙古包，还必须在围墙外面的壕沟（战壕）外，那时的"社情"是不允许的，只有在石碉堡或靠围墙的土碉堡里好一点，最后综合考虑选定石碉堡为值班室。它分三层：一层气压室，二层值班，三层为顶部，观看云、能、天，这给拍发航空报提供了方便。1959年9月1日，首先开始了气候观测，10月1日正式属国家八次发报站，还有每小时一次的航空报，昼夜三班倒。因为各种观测外出、每小时巡视观测场、观测前的溶冰、17m/s或以上大风观测次数多等，进出碉堡次数频繁，又要上上下下，弯腰曲背，尤其是夜间，很不方便。经过几个月的折腾，又选择了土地堡，时间不长发现也不是久留之地，便拆了蒙古包，加了些木料、油毡等，靠围墙盖了间简易小屋，才算安定下来，心情略好。

　　起初，我们去观测场时会拿着枪，在学习"敌社情"通报中提到武器是不法人员所期望的，会更危险。不过我们拿枪的另外一个目的是为防止狼的袭击。由于这里的高寒地区常年都有积雪，秋、冬、春季更是这样，为了寻找食物，狼常在夜间到这里，因围墙外就是倾倒垃圾的地方，兵站伙房的后脚门外面垃圾成堆，狼群常在这一带争斗、打架、嚎叫。狼群结队来时会给嚎叫的信号，当它们还在远处嚎叫的时候，可在墙头上准备几块石头，拿好要装五节一号电池的手电筒，扒在墙头，一旦狼群来到，打开手电筒猛照，再扔给它们几块石头，它们便会嚎叫着跑远，有时一晚上要赶好几次。干脆不理它们也行，它们没和人发生过冲突。可是你要到观测场去，开门前就一定要把狼群撵走。狼群夜间的嚎叫也有好处，它能提醒我们上夜班的人，似乎起到做伴的作用。

我们都是从气校毕业刚踏上社会的小伙子，有血气方刚的一面。而女同志确不然，她们说："值夜班出了碉堡就进入危险区域，出了院子要东张西望，心里直跳，觉得去观测场的路特别长，一旦观测完，就会加快脚步奔向碉堡，回来已是一身冷汗。"夜班就怕交给她们，拖拖拉拉，迟迟不到，有时候说病了，让我们代会儿班，当快要观测时，再去敲门，传出病中呻吟的声音，只得代班到天明，她们确实不容易，谁没有怜悯之心？不久女同志都被调走了。大家风趣地说："这里只适合和尚。"

1960年春节过后，兰州连续好多天要航空报，每小时一次。有一天傍晚，几个人和外单位的人在气象站院里玩，从院外"解手"回来的人说："监狱边上积雪有新踩的不正常脚印，有从陵园那里来的，也有向陵园那边去的。"大家一起出去查看，一直追到岔河边，再往前走就到黄河了，对面便是玛多县，脚印乱了，我们望了望天空，大家只得疑惑地回来。又听老乡反映："前些天的一个晚上，飞机在他的帐房上空盘旋，飞得很低，牛羊群都惊乱了。"一个打野马的人报告："西面山坡上有顶账房情况异常，里面的人不对劲，说话也不对味。"他转过山坡直奔中心站而来。

在我值白班的那天，14时观测时，看到一群背着马刀的骑兵沿着小河向西奔去，15时巡视仪器时，隐隐约约听到从西面传来的枪声。傍晚时分，公路西北角出现一队军人牵着战马向中心站缓缓行来，各单位领导迎接到桥头。

据知情者透露，是抓了一批特务。

捉特务不久，传来国营玛沁牧场场长在查郎山被土匪打死。查郎山在中心站北面偏东一点，再往北就属玛卿雪山。兵站的一个班长和我们站的两个人携带着武器去了牧场，遗体运到中心站，安葬在烈士陵园。大家都很悲愤。同在中心站生活过，我常给他们牧场送天气预报，大家讨论着，庆幸特务与土匪没有搭上线，否则问题就不是牺牲一个同志那么简单。大家又给坟上添了点土，默默地离开了墓地。

第九章　小站往事

自从抓了特务，中心站冰天雪地的三月热闹了起来，慰问团有部队的、地方的文工团、电影放映队、京戏、豫剧、秦腔应有尽有。过去常来的兰州军区文工团，武汉军区战斗文工团都急速地赶到这里。大家集结在兵站院里，白天看节目、晚间看电影，喜气洋洋、欢欢乐乐，尽情了月余。因我们气象站业务性质的局限，每天只能有个别的人前往观看。

有件感人的事留在了我们心里：当战士们坐在地上怀里抱着枪看节目时，文工团的女同志给他们缝补开了花的棉衣，一会儿蹲着、一会儿跪着，每补好一块打一个结，嘴贴在棉衣上将线咬断。不知是对解放军辛苦的赞扬、功劳的敬佩，还是被女兵们高尚情操所感动，肯定的说两者都有，鼓掌的、喊好的、流泪的似乎也汇入到舞台的节目中，激发了演员的积极性。

有一天，我在土碉堡值班，看到从兵站的后脚门走出一人，上身跨武装带，腰间别着枪，直往观测场走去，我立即跟在后面，当他转过脸来，我惊奇地喊了声："王局长（青海省气象局王承永局长）！您从哪来？"他说："从你们州上吉迈回西宁，你们值班室在哪？"我指着土碉堡，他说："噢！上面拉着天线呐！"他仔细看了看周围的环境和土碉堡，停了停，皱着眉头说："还是半地下的，真艰苦到抗日战争年代啦！"王局长弯腰进了土碉堡，又问怎么连门都没有？我说里面装了气压表，不好装门，地方太小，再说装门也影响光线，就这样白天有时候还得点煤油灯，而且工作中进出频繁弯着腰很不方便。他问："冷吗？炉子里烧的是什么？有保障吗？"我说夜间将棉帘子堵严实，身上穿厚点。取暖烧牛粪，万一买不到或天气不允许去捡，观测回来点燃张纸烤烤手再计算编报，大家都知道。我看他脸色沉重，表情很不好，我心里直嘀咕，没说错什么吧，就想把话岔开，说我带您到站上院里去。他拍拍我的肩头说："小鬼，我还得赶路。"走出土碉堡，王局长握着我手的胳膊说："你们的条件很差，你们很辛苦，给大家问好！"走了几步又回头看看，好像低声说了句什么，我没听清，忽然碉堡里闹钟响了起来，我便进去拿了本子提着闹钟到观测场去了。

工作完后，我把以上情况向站上作了汇报，大家七言八语好一阵唠叨，议论纷纷，有的还埋怨我说：你说话太实在、太直白，使我张口结舌半天没回过神来。

尔后在学习省局气象会议文件的时候,那句"点燃报纸烤烤手"的话出现在文件上。接着供应站拉煤、运送物资的汽车来的次数多了起来,同时省局有关人员如:吴正康、李彭林、许永康、李发模等先后来中心站驻站。龚汉荣来这里帮助指导我填写了"历史沿革表",给以后去别处建站、改变观测场地等增加经验,奠定基础。

自从业务工作正常后,又增加了单站补充预报,八字方针是:听、看、谚、地、资、商、用、管。为了预报的准确性,决定抽人去建立"气象哨",积累资料、收集谚语,以便扩大预报依据。站长找我谈话:你放过牦牛,接触过牧民老乡,比他(她)们几个合适,但一定注意安全,敢骑马与会骑马还有距离,处处要留心。

这是我首次骑马背枪去下帐,与当地牧民同吃、同住、同劳动,赶着驮了气象仪器及行李的牦牛(应该说是"驮牛"),感到很新奇,可它们一旦受到惊吓,狂奔乱跳,我被摔下马来,感到痛时才觉得那么不容易,还好仪器没被摔坏。

气象哨建在"缠去该马",属公社一个生产队,在公社驻地的东南面,黄河边,对岸属达日县,当时州政府还在吉迈,州政府下帐的武装部队也住在那里,与我们的帐房相邻,他们帮忙建了简易观测场,我便开始了工作。由于部队常集中群众开会,给我们收集气象谚语提供了方便。我们培养的藏族观测人员是食堂"妮尔娃"管理员、略懂汉语的小伙"阿卡"(小和尚、喇嘛)。1960年6月,我参加工作满一年,站长把我招回,参加级别评定,这样建哨工作就算告一段落。

就在这年年底,当项公社迁到中心站,我们的生活方式发生了变化。中心站的和各单位均在公社党委领导下,统一指挥、统一行动,学习开会由公社党委统一布置。初到中心站我们在食宿站搭伙,各单位联合办过食堂,"果洛州民师"迁到中心站后,我们在那里吃饭,迁走后公社又办了食堂,这个时期管理员大都是我兼职的,从刻印饭菜票发展到刻印学习文件、气象预报都是我来做。

1961年在"干部下食堂、政治进伙房,人不骑马、马不喂料,三年不吃

第九章 小站往事

牛羊肉"的口号下，我们到公社驻中心站生产二队食堂和牧民同生活，我自然是下食堂的人选。又因生产队会计管理食堂，但他病重要去达日就医，无人接管食堂工作，他多次乞求我帮帮他，好让他去看病，在这种情况下，我搬到了他们的住房，只答应给他看管这一摊子，他便把有关账目做了记号，将有关的东西锁起来，临走时一再表示"尕正气"（谢谢你），伸出大拇指"卡着卡着"（谢谢），面带悦色地看病去了。不几天传来不幸的消息，他病故在达日县医院，当他的灵柩由汽车接着经过中心站的时候，队里的翻译指了指车，望着我开玩笑地说："你是他的后来人。"引出不自然的笑声。

食堂里一日三顿饭。先将每月定量的八斤炒面印成以两为单位的票，发给个人自己掌握，需用时凭票供应。按规定早上："舔加渴"，将一小撮炒面压在尕炉里（藏族小碗），一小撮曲拉（奶渣）、相当于手指最上面一节大小的酥油，加茶水边喝边舔，至喝饱舔净为止。中午、下午都是课桶（喝汤），也就是杂碎汤，头一年九十月份国家都要上调淘汰牛羊肉，屠宰后，将它的下水、头、蹄保存下来储藏好，用时取一部分洗净加上野菠菜、戈华（野葱蒜）等熬成汤。有时还会有煮蕨麻。

"酥油拌炒面随随便便"这句话，生活在草地上的人张口即来，用来形容事情很简单、很容易，其实并不然。如果你没有这类生活的体验，按照藏族的习惯给你配齐尕炉、酥油、曲拉、炒面、一壶茶，看你如何拌出炒面，吃下这顿饭？你很可能会无从下手，也可能吃的没有丢的多，弄得乱七八糟闹笑话，很尴尬。

春夏之交开始了"整风整社运动"，当项公社的全部人员迁到了大武（玛沁县）。县上的派出机构"依盖奇工委"在中心站建立，公社却更名为优云公社，我便又回到了气象站。

在那回家困难的年代里，号称"清水衙门"的气象站，物资、食物更加匮乏，经人指点我们找到了"然巴籽"——一种像草的植物，结有褐黑色的种子，将其种子收获晒干、炒熟磨成粉，可以当作炒面，吃到嘴里有米糠的味道，可谓真是"草面"。一次偶然的机会，从迁走骑兵部队那里，协商留下些豌豆（马料），回来做成炒面，比那"草面"香又可口，到底还是粮食的味道令人向往。

　　深秋的一天下午,我值白天班,见一只狗拖了一块沉重的东西向土碉堡拉去,我立即想到了食物,很快从值班室取出了762带枪刺的步枪,追了上去,在碉堡门口堵住了它,起先它前爪按着食物,瞪着眼,低声吼着,我给它一枪刺,觉得划到了它的面部,它便龇牙咧嘴地做出攻击的威胁,我搬动枪栓,扣动板机,由于动作慌乱,用力过猛,枪没响而枪刺捅到了它的身上。狗猛然发出一声嚎叫,歪了一下身子,跳过了围墙缺口,扬长而去。我把站上的人叫来,把狗拖着的东西洗净后发现是块牛脖子连着点前叉,大家忙活了一会,在值班室里享受了一顿难忘的晚餐,有人还埋怨我没把狗打死,否则能吃好些顿,我说急得很,把枪平时不压子弹的事给忘啦(预防万一,短枪里才压子弹,且记上好保险),这都是当时的规定。放了空枪,连响都没听到。大家聊了一会,因各有工作,有要接夜班的、上早班的、摇电的、发报的等,所以余兴未尽地离开了值班室回去休息了。

　　在困难时期我们的肉食很杂,如:野马(驴)肉、黄羊肉、哈拉(旱獭)肉、哈熊肉、狼肉、鹿肉、狐狸肉、狗肉等。只要能抓到的、打死的、别人给的,都食用过。其中最难吃的是哈熊肉,它以油为主,狼肉是酸的,狐狸肉有难闻的气味,哈拉在三四月间冬眠出洞不久,只有一张皮,还有寄生虫,不能食用,鹿肉一次少吃点,否则烧胃难受。

　　一位生产队老队长说他们家在过去常用老鼠充饥,我们始终没能接受。在下雪后,我们用铁筛子以燕麦(马料)为诱饵,逮住麻雀闷在牛粪火里,熟了沾点淡盐水吃,倒还不错。

　　"天苍苍野茫茫,风吹草低见牛羊"。在这里现牛羊何需风吹草低,青藏高原大都是这样,因为它属高山草甸植被,受气候的局限,每年草只能长这么一点高,像地毯似的铺在那里,牛羊吃草其实是啃草。从质量上说它比高的草含纤维自然少得多,营养当然也就好得多。也有人担心因为每年的产草量少会造成草场超载的压力,从玛沁、甘德两县来看,一只羊有15亩面积的草供它食用,又分春、夏、秋、冬转移草场(俗称窝子),逐水草放牧,从气候的角度分析:冬窝子肯定是在属地内气温最暖和的地方,且要有水源或离水源相对较近的地方。春窝子要等草长到可供牛羊食用才能搬进去。夏窝子、秋窝子以次类推循环着,草在不停地长,牛羊在轮换着吃,且有15亩地作保障,再与淘汰屠宰相结合,形成了良性循环,草场超载的压力尚不会形成,除非改变了以上所需要的先决条件。

"雨后雪山分外白"这句话,是我在玛沁县雪山公社气候调查时写下的。雨后指我们气候观测点有片树林的河谷地带的下雨后。雪山指向西望去玛卿岗日一带的群山,终年被皑皑白雪覆盖。每当河谷地带下雨的时候,那里下的依然是雪,在多雨的7月、8月甚至9月份更是这样,随着一次次新雪的增加使雪山更白。如果恰巧第二天早晨晴空万里,又无浮云飘过时,选好角度,在蓝天的映照下,那分外白的群山簇拥着馒头状的主峰,真令人想往,尤其我们这些气象人,总想探索那里的万千气象。

然而时间很短暂,不允许你胡思乱想,一不留心它扯下朵云遮住了害羞的面目,下次见面尚不知何时?我们在这里四五个月比较满意的仅此一次,还有三四次云不给面子或雾气模糊了她的真容。

由此联想到藏族的哈达为啥是白色的?又为什么要到这里转山?还有些从很远的地方磕着长头来这里的人,不惜一路风霜,历经艰辛,风雨无阻,一丝不苟,一步一磕,四肢伸直地怀着一颗虔诚的心,都是为这洁白的雪山而来,或再加上一个神字。

山体滑坡、泥石流也是在这里实地见到的。七八月份正处在雨季,这里山高坡陡沟深,表皮植被浅薄而土层松软,下面多有石头层,连续降水会使上面的植被土层水分过于饱和,再往下的石层不易渗透,在表层形成烂泥,开始有沟槽流水现象,局部先开始有小块植被脱落,陡峭的悬崖峭壁处水流越来越集中,面积也在增宽外扩,眼看着大块植被滑下,随后稀里哗啦争先恐后地涌入河中,形成泥石流,开始阻塞河道,终因降水量有限,没形成堰塞湖。又属荒郊野外,不会造成连带损失。但堆积在路上的植被形成了路阻,影响交通。曾经见到碗口粗的树木掉在路上还保持直立站在那里,好像原来就生长在那一样,可见其山坡之陡、速度之快,下冲力之大,如果那里有建筑物,问题就严重啦。

我在1981—1982年写气候方面的文章较多,在此就不再回忆书写。

1981年凭此评定了助理工程师。《玛沁县牧业气候区划》《甘德县牧业气候分析和区划》均由两人合写,各荣获果洛藏族自治州科学技术成果1985年度三等奖两次。而后的文章,省局职改领导小组批准具备工程师职务,任职资格从1987年12月计算。我还先后成为青海省科学技术协会会员、中国气象学会会员,获得"从事气象工作三十年以上、在少数民族地区长期从事科技工作"荣誉证书等。

俗话说:"有河就有水,有水就有鱼。"启发了我们在那食物缺乏年代里如何补充食物。中心站河岔多,由东向西汇入黄河,因其河床高高低低,曲曲弯弯,形成坑坑洼洼,流水急一段缓一段的窝子,窝子里极易藏鱼。

我们起初用一根柳条棍拴上棉绳,绑几个鱼钩挂上鱼饵,下面捆一个小石头当坠子,不需用鱼漂,扔进河里就能钓上鱼来。用网兜拴上个把子也能网上鱼来。瓶子里装上炸药,看准窝子,一炮下去白花花的一片,露出鱼头朝上立在水中的鱼。不过捡鱼的动作要快,因炸鱼是靠声波突然加大震晕鱼,而不是炸死或炸烂,时间长了鱼会缓过神来游走,但这样抓的鱼大都是不足斤重的小鱼。

后来有了尼龙线、钓鱼竿、滑轮之类,稍走远点钓上来一二斤或以上的鱼很平常,越靠近黄河越是这样。五六月间有时甚至七八月黄河里的鱼要到河岔里寻找产卵的合适地方,往往一个窝子或坑里挤得满满的,鱼钩不用挂食物直接甩进水里,尽管抬杆向上拉出来的鱼比较均匀,有两斤左右,因是钩到鱼身上拉出,它要挣扎很费劲,用力不可过猛,随机会而定。尤其在挂到两条或以上时要顺水慢慢拖出。在枯水期的时候河水比较清澈,鱼的活动很清楚,一人将鱼从上游赶来,另一人在浅水处把空钓竿抛进水里,待鱼群到达,猛抬鱼竿同样能钩到鱼身上,熟练的人即使是一条鱼也能这样去做,有时得来回折腾几趟。真可谓古有"姜子牙直钩钓鱼,愿者上钩",今有我们钓鱼,强迫上钩。

发展到后来,大家都不愿走得太远太累,常在星期天骑马到黄河约20公里处钓鱼,傍晚回来,当把装满鱼的搭链举到马背上时,感觉到比一袋50斤面粉还重。一条鱼最重有过12斤的,八九斤的,至于三五斤重的

第九章　小站往事

是常事。滑轮多用在这里，一是便于携带，二是鱼线长，甩出去越远越能钓到大鱼，因鱼多在稳水区，河面宽，没见过对面有人活动惊扰，所以尽量往对岸甩去，这大概就叫"放长线钓大鱼"吧。

鱼类大都属无鳞湟鱼：有深黄色宽体的、青黄色圆体的、背黑花肚皮白的，厚嘴唇花鱼，扁平体大嘴、尾部细圆、小眼睛有几根胡须的称之为胡子鱼等。因中心站爱钓鱼的人就十来个且常有调动，山西、陕西、甘肃部分人不食鱼，藏族视鱼为神，尚有放生的习俗，加上黄河里的鱼常来补充，消耗的少，生长补充的多，鱼类资源一直丰富，就是冬天在深水区打个冰口，也能拉上鱼来。它不但给我们餐桌常提供菜肴，还给我们提供了钓鱼的生活乐趣。

藏族是一个能歌善舞的民族，平时就有吼两嗓子、蹦达几下的习惯，几个年轻男女凑到一起更是这样。常在每年的八月间举行歌舞、赛马、赛牦牛、拔河等比赛，也称"物资交流大会"，大概是1964年，《民族画报》社的记者到这里，拍了很多照片并刊登在当年的画报上，好像占了整版画报，使藏族群众按捺不住喜悦的心情，捧住画报，笑得合不拢嘴。

逢年过节各单位的人凑到一起，以拉二胡、吹口琴、说唱等形式，举办自娱自乐的晚会或军民联欢会。有一年的冬天，玛沁县电影放映队来这里，因大雪封山约有半年没能回去，只带来一部《英雄儿女》，放了不知多少遍，后来因缺汽油停放，大家就凑上两瓶汽油再放一场，于是又断断续续地放过几次，那句"向我开炮！"变成大家的口头禅，不分男女老少，不分啥场合，突然一句："向我开炮"，闹得你啼笑皆非。

玛沁县县委迁走时留下了篮球架和放在原食堂餐厅里的乒乓球桌，篮球架安放在气象站的院里，大家多在晚饭后或工作之余，聚在这里打打篮球，跑动跑动，比赛时我是裁判。乒乓球室更是大家常去的场合，好多人都是在这里学会打乒乓球的。气象站常举行球类比赛、在公路上赛跑、爬山比赛等活动，对生活在海拔四千二百多米的高寒缺氧地带能做到这些，也实属不易。

不久，玛沁县体委给中心站带来一批滑冰鞋，有花样刀的、跑刀的。中心站的冰场在桥头上方，可谓宽大任你滑翔。冰河上又成了大家集聚的好去处，由几个原有滑冰基础的人带了一帮学滑冰的人，歪歪扭扭，跌倒了爬起来，再跌倒再爬起来地循环着，哎哟声、看热闹人的笑声此起彼伏，后来为减轻摔痛，在屁股上、膝盖上绑上垫子。还有的将自行车骑到冰面上，摇摇摆摆不易掌握，连人带车仰面朝天摔倒在冰上，引来了大家的哄笑。"苦中作乐"本不是一个雅词，用在这里别有一番滋味。

我们业务人员长年无节假日，天天三班倒的气象站，尤其是夜间，每小时都要走出围墙院（或几次），还有一段可称为野外观测场的路。大家曾议论养条狗做伴，可在那物资匮乏的年代拿什么喂狗？况且，中心站各单位从没有养狗的，包括有仓库的粮站、公司。1963年后情况有所转变，一次我去兵站送预报，发现他们的狮子头大狗下的几只小狗已能到处跑着觅食了，过了几天我再次去送预报的时候，提出想抱只小狗的愿望，领导喊来司务长，指了指小狗表示同意，司务长捂住带铁链大狗的眼睛，我便抱了一只走出兵站的后脚门。

回到站上，大家极力称赞它那健壮的体态，雄狮般的大头，两只带有凶气的眼睛藏在长发下（现在回想起来大概就是藏獒）。因大家都希望上班时有个作伴的，我说就叫"伴"这个名字，获得了一致点头。

一年后它便能称上名符其实的"伴"了。夜间它趴在值班室门口，耳朵搭拉在地面上，只要稍有点动静就立即站起来，好像是在细听，有时叫几声，连夜间常到这一带寻找食物的狼，来的次数也少了许多。当你打开围墙上的门要去观测场时，它首先抢着出门，有时不知看见了什么，站在去观测场的路上拉长声狂叫，像是在喊"我在这里守卫"，真给你壮胆。白天总在值班室至站上的院里走动，挨门挨户每家都去，大家也都会给它点吃的，从不到其他单位去。每到17点后一旦看到去接小夜班的人叫声"伴"并往前一指，它就摇着尾巴朝值班室跑去，趴在那个老地方。后因它长大怕伤人惹事，就用一根铁链子将它栓在值班室门外，并给它盖了个小窝。出去观测不论牵着还是放开，它都会冲在前头，回来当你关上小门，上了门插，它自然会进窝，就这样它日日夜夜陪伴着我们。一次偶然的事件，"伴"出现了意外，一位同志值白天班逗它玩，拿出762带枪刺的步枪，它扑上去咬住枪刺头并不停地发出进攻的威胁，不一会便躺在那里一动不动了,嘴里未见有血流出。据说是枪刺头上有毒,可能伤及了它的喉部。该同志立即召集大家开会,擦着眼泪、鼻涕一再表示遗憾,在这种场合、气氛下,大家如何能做出过多的指责,只能你看看我,我看看你,流露出惋惜和沉痛的表情,甚至有不可理解的动作,可见"伴"在我们心中的位置。

"伴"就这样走了,一想起它,我心里总是忐忑不安!

1965年经省局批复,将我们原在野外的观测场搬进了平日生活的院里,安抚了我们日夜提心吊胆、孤独难耐的情绪,使刚刚经历失去"伴"的伤痛的我们,陡然轻松了许多。正是"山穷水尽疑无路,柳岸花明又一村"。我们欢呼雀跃,感激不尽!尔后只有捡牛粪经过老观测场时,环顾一下四周,摇摇头自言自语几句匆匆离开。

观测场迁进新址后不久,中国人民解放军总后勤部测绘队,从东海一路测到中心站,经联系办理相关手续后,将刻有"中国人民解放军总后勤部测绘队海拔高度4211.1米"的碑桩,埋在新观测场的西南角,并照了相。从此仁侠姆气象站的海拔高度,由原建站时期的4300米(约测),改为4211.1米(实测)。

1972年3月、4月间大水淹了气象站,其实说冲了气象站更为确切,那是一种高寒地区的特殊天气形成的。中心站海拔4211.1米,年平均气温约-3.5℃,年总降水量约450毫米,降水多集中在7月和8月,常年都有产生固体降水的可能,没有绝对无霜期,每天都有可能结冰,尤其是进入9月冰雪就不易融化,加之这一时期到次年3月上旬降雪量偏大,且河里的冰层厚于往年,进入3月中旬后连续天气晴好,气温回暖快,白天阳光照射充足,夜间辐射加速,促成昼夜温差加大,造成白天冰层化得快,夜间冻得快,由于"快"连带引起冰水之间形成夹层,加快了冰面的抬高速度,到下旬靠南北走向公路拦截的冰面已与公路齐平,一旦漫过公路,低洼处正对气象站的院子,而中午过后能听到渗漏时潺潺的流水声,恐怕冰层的下面已形成沟坎暗漕,越过公路,低洼的地方已开始有段水、冰交融的情况,就在接近月末的一天15时后,公路上水流加速集聚流向气象站,近16时的时候路东边的水流直涌向气象站的院子,17时观测时穿上雨靴尚能进行,待工作完之后,院子里的积水已开始破门而入,涌向室内,观测场蒸发罩子只露了点头。室内水深接近了床板,夜间只能卷曲在办公桌面上,不时传来碗盆的碰撞声,下半夜就安静啦,它们被冰固定在那里。过去大家将住房后墙和床板下的冰晶调侃成水晶宫,现在看来还得加几个字——冰河上的水晶宫。

第二天早上起来到观测场、值班室看了看,它们安然地被冻在那里,我回家破冰取出三抽桌,收拾了行李、生活用品捆在桌子上、装在筐子里,借用冰上滑行的力量把这些东西推出了气象站,到了公路边。站在那里,回头看着院子,观测场依然屹立在那里,久久不愿离去,毕竟是昼夜相依生存之地,一股酸楚的滋味涌上心头,便赶紧到别处借宿去了。

大家都在外单位生活期间,省局派人来慰问并送来了有关物资,不久又来了维修队,站上开始进行整修。我再次被抽到生产队下帐,回来时方知大家已都从外单位陆续搬回,忙着整理自己的住房等。我望着眼前的景象,也加入到行列中,几天后和家属孩子一起回到气象站住所。

1973年,我觉得气喘、心跳、头晕加重,嘴唇紫黑,便到达日县医院检查,经确诊为红血球增高症,心、肝、肺均有异常。又到了州医院检查,结论依然如此。我请假去西宁看病,又发现了牛皮癣的皮肤顽症。医生说属高原地区生活时间过长所致,有可能是在野外颠簸的生活多。我说是的,常骑马下帐住帐房,和牧民生活在一起。医生点点头望着我说,那治疗与改变环境能否结合一下?这种病治疗只能是暂时的,回到原地仍会复发。治疗一段时间回到站上向领导作了汇报,得到领导和同志们的同情与支持,就到州上要求调动,那时州台由革命委员会管理,领导对情况很了解又热心,经多次联系,确定我调班玛县气象站工作。

我感谢那些在中心站帮助指点过我的好同志,他们说话利落干净,一针见血,直来直去,从不含糊想要索取什么,在经济上也是这样,不凑手时常有热心人士上门解决燃眉之急。还有几位领导不止一次地把困难补助,经批准送到家中,在此一并深表感谢!愿好人一生平安!

1973年11月,我离开中心站。临行前家属以埋怨的口气提到:"在这里失掉三个未成年的幼子!"表情是那样的难过。是的,我心里很内疚,没能处理好这个问题,将自己过于束缚在客观的框框内。

打倒"四人帮"后,又经历了拨乱反正等,不正风气相继退出历史舞台,一切都在逐步恢复当中。1978年,为加强预报业务,州局举办了预报学习班。我自作主张给州局赠送匾额时写到"欲穷千里目,更上一层楼",下面署名按各站业务量之多少排列,以示业务的重要性,鼓励大家努力学习业务,增强业务水平,开会订了几条课堂内外的规矩。经实践证明自己是不自量力,异想天开之举,加之人员调动,领导的更替,只能不了了之。没有了"欲穷千里目",哪来的"更上一层楼"?

我回到站上,用学到的知识,分析了历年的资料,作了相似、相关、谚语验证、阴阳历叠加,以及绘制图表等工作,断断续续作了几年的单站补充预报。

退休后我踏上告老还乡的路。尽管途中的颠簸劳累,也难以抹去往事的回味。在果洛整整34年里,请了五次探亲假回老家探亲,最长一次间隔13年,因工作3次到过西宁,还有一次属看病,其余时间全是在果洛度过,至于骑马下帐的日子虽然也属工作的一部分,但留下了一次次一幕幕难以忘怀的场面。

"僵卧孤村不自哀,尚思为国戍轮台。夜阑卧听风吹雨,铁马冰河入梦来。"

这首陆游的诗,是我在中学时代读过的课文,曾激励我来到祖国的大西北,又要求到祖国最需要、最艰苦的地方去。在将要迈进耄耋之年,回忆往事的时候,写在这里,仍不失它的魅力。

(卜宪奎 2017年12月于西宁)

个人简历

卜宪奎 生于1940年5月,江苏省铜山人,1959年6月毕业于青海省气象学校(原西宁气象学校)农气专业。1959年8月—1973年11月在中心站气象站工作,1973年12月—1993年在班玛县气象站工作,1993年退休,现定居西宁。

记　　事

马　钰

题目叫记事而不叫回忆，是因为以研究近代知识分子而闻名的作家谢泳说过，回忆"多数是怀念那些失去了的好东西"。我没有"过关斩将"之类的"好东西"，当然也谈不上"失去"，硬要往"好"上靠的话，那就是把美好的青春年华奉献给了青藏高原。这是多数青海同行都有的经历，非我独有，无需赘述。本文只是想与大家一起，从世事沧桑中品味"创业维艰，守成不易"的古训。

"中心站"不是原地名

中心站气象站较长一段时间称为果洛州玛沁县仁侠姆气象站。一看就知道，"仁侠姆"是藏语音译。"仁侠姆"的由来，有的说是北面不远处一座山的名字，有的说是流经本地一条小河的名字。究竟是因山还是因河得名，最终不得其解。我想，也许就是藏语对当地的笼统称谓。就像今天说"倒淌河"不单单指一条向西流淌的河一样，还包括那里的草地、山麓和道路，甚至让人联想到文成公主和亲……

气象站前缀名，1969年4月—1973年4月一度改名为"中心站"，1973年5月到1981年年末改回到"仁侠姆"；从1982年起到1998年元月撤站，再次更名"中心站"。可见，1959年9月建站到1982年的23年中，有19年以"仁侠姆"命名。列出这些，有的同志也许觉得繁琐，但它反映了管理体制反复调整的事实：以"仁侠姆"为名的时期就是下放到地方管理的时期。

直到现在，地图上仍然以原来公社的名字"优云"命之。1964年设党的工作委员会（简称"工委"，辖昌马河、优云、当洛、当项四乡社）时，名字叫中国共产党玛沁县依盖奇工作委员会。以其管辖范围看，"依盖奇"应该包括玛沁县黄河以东的昌马河至当项间南北百公里以上地区，究竟依据的是什么，连工委书记也说不清。可见，有些事不必认真，姑妄听之可矣。

总之,"仁侠姆"这个名字在当地只我们(气象)一家用,行政、交通、邮政以及来往行人,尤其是汽车司机,只认"中心站"而不知"仁侠姆"。出于方便工作、生活的考虑,气象系统管理后气象站名字也"走群众路线",改为中心站气象站。显然,中心站不是藏语称谓,应该是因位置在果洛州中心地带,且有兵站而被约定俗成的结果。

以上是有感于许多人不知道"仁侠姆"即后来的中心站的闲话,下面谈正题。

条件艰苦,生活单调,乐在其中

说中心站艰苦,不单单是指高寒偏远,还有包括气象站人员奇缺、生活条件极差。我刚去时,站上只有五人(付润波、朱伟荣、卜宪奎、孙福中、陈树章),其中陈树章是专职摇电员。四个业务人员只要有一个人出差或探亲,剩余的三班都倒不开,这还是通测(通信与观测)合并的结果。由于人员紧缺,我跟了朱伟荣两个班后,到站的第四天就被安排正式值班。连轴转让大家无暇顾及精神需求,反正十天半月来一次邮车,有报平安的家信就不错了。报纸上的东西已经成旧闻,我是靠订了几份文史哲方面的杂志打发时间的。

没有食堂,吃饭全凭自理是初到中心站的最大困难。好在几乎吃不到蔬菜,喝稀饭都是就凉拌牛羊肉。所以,无需烹饪技术,会烧茶煮肉就解决了副食问题。真正要学的就是做米饭、擀面条、蒸馒头之类。

1964年夏,徐旭初、汪锦霓两口调入,没几天付润波、朱伟荣就调走了,站上依然缺人。这种状况,直到1965年7月、8月,陆明达、甄玉良先后到来才得以改变。

中心站现在叫优云乡。20世纪70年代以前,当地除了没有电影院等文化娱乐场所外,行政机关(公社)、民贸商店、粮站、卫生所(隶属公社)、银行及邮局等都有,加上兵站,近于"五脏俱全"。在物质文化生活极其匮乏的当时,生活条件虽然不如城里,日子还算过得去。比如,包括(兵站)军人在内,近百人的小社会,人们相处融洽,闲暇时串串门,天南海北侃大山,倒也不寂寞。

气象站的年轻人还是文体活动的主力。建站初期负责人付润波拉一手好琴,京胡尤其出色,其他人吹拉弹唱,虽然难登大雅之堂,倒也自得其乐。院里的简易篮球场好天气时几乎不闲着,因为实在没有更好的活动可以代替。开始,气象站有一台老旧的直流电子管收音机,听听新闻都时断时续,多数时候不拍打就不响,很快就没人动它了。

当地的盛典是夏季运动会。昌马河、优云、当洛、当项四公社都参加,据说各社队轻壮年男女几乎都来了。期间,中心站周边开阔地搭满帐篷。比赛项目有马术(叼羊、赛跑)、牦牛赛跑、摔跤、拔河与唱歌、跳舞等。傍晚,赛事外的小范围歌舞是少不了的。

最让人念想的是秋季(10月底到11月)按人头分配牛羊:公社安排某个生产队赶来一群羊(或牛)让各家自己挑选,挑好后现场按价成交。每人两只羊,折合成牛的话,四只羊顶一头牛。价格是羯羊每只12元,母羊8元;牛按等级计价,一级每头60元,二级40元……我1975年离开中心站前,都是这个价。宰杀后挂"牛粪房"梁上储存,作为一冬(11月到来年4月、5月)的副食。

抓羊得请内行帮忙。内行通过观测、触摸就能分出羊的肥瘦,并轻而易举抓获。我们即使知道哪只好也抓不住,整个场面煞是热闹。开始时,分到羊后自己屠宰,一只羊弄半天,很费劲。后来,按民贸公司(收购屠宰时)每只羊四毛的价格请撒拉族人宰杀,看得大家目瞪口呆:杀死、吊挂、剥皮、开膛及至取出下水,一只羊平均只用4分钟!如果不是亲眼见,无论如何也不信。他们宰牛也"不费力",两手掰住牛角,一使劲就把牛撂倒了,三下五除二,干净利落,全过程都是一人操作,简直不可思议。

我离开中心站后的情况就不大清楚了。据说,地方政府分配畜产品的权力被市场化取代后,受系统管理的气象站上级部门又难于满足职工的工作、生活需求,诸多不便凸显出来。首先,维持生命的必需品都成问题。计划经济时代,虽然也吃不到新鲜蔬菜,就着牛羊肉喝稀饭还是可以过的。市场经济以后,肉价贵不说,还常常买不到。

第九章　小站往事

自力更生，搬迁观测场

1965年以前，气象站与外贸公司一个院子。每到收购畜产品的旺季，满院不是羊毛垛就是晾晒的牛羊皮。院子虽大，给予气象站的，充其量只是职工的立足之地——与当地所有工薪人员完全一样的一排铁皮顶石头房。中心站气象站属国家基本站，昼夜值班，担负地面气象观测发报任务。原来的观测场在大院西南方百米开外。

从大院西南的豁口出去，是一个只有围墙没有房的院子，曾是玛沁县建政初的监狱，它与我们住的房子一样，是县政府迁到大武后留下来的。观测值班室就在这个院子的西南角，不到十平方米，顶棚与内壁由毛毡帆布构成，外墙由草皮垒就。值班室三米开外是从院子到观测场的小木门，与常见的柴禾房门差不多。出门后就是开阔地，走30来米到观测场。观测场向西三百米开外有个烈士陵园。我刚去那会，陵园周边的草皮墙已经残缺不全，"文革"后期，仅剩一二尚可辨识的坟头木牌也不知所终。

牧区的狂野，晚上狼嚎狐叫是寻常事。1964年夏季，兵站战士捡柴禾时抱回一只狼崽，以后两三天每天傍晚都听见狼嚎，搞得大家不能入睡，最后，不得不放走狼崽了事。

为了给值班人员壮胆，1963年冬天，公社领导配给气象站一把"二八盒子"手枪。我不知道确切的名字叫什么，就是战争片里常见的那种只有当官的才佩戴的"德国造"。1964年秋我探家回来时，从省局人事处领到一支"七六二"步枪。有了"七六二"枪，"二八盒子"还了回去。老实说，这两支枪在我们手里没有发挥多大作用。原因一是值班室离兵站不远；二是那时私下有个说法："真遇上坏人，有枪更危险，他们感兴趣的就是枪。"所以，多数情况下我们是不轻易玩枪的，即使下乡串帐篷也是这样。

我常被拉去"下帐"，帮他们做统计或写总结。每次下去都配有"二八盒子"，公社书记尕拉还教过我怎么用。一次，完成任务回来，尕拉的马在前，我的马在后。走过几顶帐篷时，尽管"老乡"（牧民）再三喝叫，五六只狗还是对我们紧追不舍，我怕惊了坐骑摔下来，就向狗群连发两枪，子弹打那里了不知道，反正枪声把狗吓跑了。经常玩枪的人也说，手枪比步枪难瞄准。

"七六二"的厉害是从站上养的狗的死亡知道的。站上曾养过一只狗,长到半岁时,虽然还不算高大,威武的体型已经逐渐显露出来。那一天不知中了什么邪,竟然对爱它有加的徐旭初(气象站负责人)吠叫不停,也是该它倒霉,徐旭初用上了三棱刺刀的步枪吓唬,它以为是普通烧火棍,反而向前咬刺刀,结果嘴巴被刺伤,不到十几分钟就呜呼哀哉了。为此事,徐旭初含泪向大家道歉。

1965年开春,外贸与民贸合并,外贸搬到公路对面的民贸公司大院,他们住的四间房和大院归了气象站。我们抓紧机会,向省局打报告要求把观测场迁到院里来,获准后,5月下旬,搬迁观测场的战斗开始打响。

整个院子东西长百米以上,南北稍微窄些,但也有六七十米。院子的南面是公社的十几间房子,中间有个小门与我们相通。原来,气象站职工用8间西房,外贸职工住紧挨我们的4间北房。住房的东面到公路是空旷地,新的观测场就选在东面的空旷地中间,靠东面的一间北房做值班室。由于新观测场到临公路的一段原来是牧民出售畜产品时绊放驼牛的地方,坑坑洼洼极为不平,所以,填坑并适当加高是新建观测场的主要任务。

当时,站上只有六人,其中一人还是女同志。向省局要了些原木和板材后,大家便投入到新观测场的建设中。摇电员陈树章略通木工活,专做观测场外放置日照计与目测用的约2米高的平台,其他人拉土填坑整地。30米外取土不算远,因路面不平,拉车很费力。为了早日实现观测不出大院的愿望,除夜班人员适当休息外,白天值班人员观测完成后都投入劳动队伍。

劳动工具除铁锹外,架子车、洋镐都是向其他单位借的。

初夏的高原,天高云疏,气温虽然不高,太阳却是火辣辣的,加上劳动强度大,大家干得汗流浃背。"胖子"卜宪奎索性脱去衣服,只穿个背心上阵,第二天,裸露的臂膀晒脱一层皮,灼痛难忍。"胖子"姓"卜",叫"老卜"难听,他又略显胖些,人们便习惯叫他"胖子"。

不到一个月,高出周边一尺左右的观测场修整完工,粗略估算,垫土

第九章　小站往事

200多立方米,除去夜班休息人员和做木工活的,人均垫土50多立方米,即日均一立方米以上。这个数,对平原地区的人来说,算不上什么,对处于海拔4211米的我们而言,付出的艰苦难以估量。

7月1日,新旧场址开始对比观测,10月1日告别野外观测场。期间,我们趁热打铁,又在房门前十几米处挖了一口两米多深的井,井壁与井盖用的是建观测平台剩余的木料,井盖高出地面一尺以上。门前有了井,再不用到二百米开外的河边挑水了。

那个年代照相机是奢侈品,许多感人情景没有留下视觉印象。彩插中第一张中心站全体工作人员合影摄于1965年8月,是局里下来检查工作时,业务处的同志帮我们拍摄的。其中,陆明达刚来不久。

战洪汛重建家园

1971年入春后,气温回升很快,3月下旬起,气象站北面河床的冰面开始被消冰水覆盖加高,日复一日,高寒的中心站,居然遭遇"桃花汛"袭击,这是谁也想不到的。

由于气象站紧临河边,漫过冰面的消冰水起初是从院子东面的门口(其实没有门,只是留给车辆进出的围墙豁口)涌入。一会,本来就破烂的草皮围墙也往里渗水。开始,大家应对的办法,一是各自筑土堵门,把怕湿的东西放高处;二是扩大院子西南角的排水口。当院子里都是水时,堵门的土也找不到了。很快,水漫金山,积水二十多厘米。好在历史记录等档案材料处理及时,观测场地略微高出水面,业务工作基本没受影响。

牛粪房进水后,低层牛粪湿了,上面的还能用,大家生活照旧。由于捞捡东西时在冰水里浸泡时间较长,第二天我的手腕隐隐作痛,找卫生所苏增泽大夫扎了阿是穴就好了。所以,我的经验是,伤湿类疼痛,及时针灸完全可以治好。水退后我们打报告要求维修,重点维修东面和北面的围墙。局里给了三四千元,这在当时是个不小的数目。我们用它修筑了高1.5米、厚40厘米、长约150多米的水泥灌浆石头围墙。

房子是从局后勤处拉了一车木板和纤维板,自己动手修缮的。修好值班室后,各家用用剩的材料修理住房。各家先是用胶泥土、河沙、石灰渣加水混合铺地,再用一头有拉绳的厚木板夯实。还用木板和纤维板把房子隔开,靠近后墙处作储藏室,改变了以往进屋后一览无遗的结构。以三合土铺地,平整结实,又吸水,功能胜似水泥。以上对房子的改造,在中心站我们是第一家。档案资料显示,1982年9月起,观测场北移20米,东移12.5米,比原来院子至少扩大2000平方米。

离开中心站将近40年了,文革时终止了记日记的习惯。现在的回忆只能保证事件本身真实可信,个别人和事时间上可能不完全准确,诚请知情者指正补充。

(本文来源于《岁月如歌》——青海气象事业发展60年回忆文集p173—186)

个人简介

马钰　男,汉族,生于1939年2月,山西文水人,1963年7月参加工作,九三学社会员,副研级高工,原气候资料中心气候分析科科长。1999年1月退休。现居住在西宁。

我与中心站二三事

郭志云

"中心站",乍一听,像是一个部门内的机构组成,或许是一个单位的组织序列,很难想象到它竟是一个地名,一个看似平淡、不起眼的地方。但是,当它与气象站联系在一起,注定因此而成名,成为我们永久的记忆。本人虽未在该站工作过,可是接触了许多该站工作过的人,遇到了一些与其有关的事,影响至深、至今难忘。

初闻中心站

1981年7月底的一天,晴空万里、骄阳似火,我们乘坐青海省气象局派来接毕业生的大巴,从兰州到达西宁。接下来的几天,同学们等待分配工作,憧憬着即将走向单位、从事气象工作的美好未来。心里既有学成归

第九章 小站往事

来、马上有了工作的喜悦,也有着究竟分配到哪里工作的忐忑和焦虑。终于有一天分配结果宣布了,我们10名同学被分到了果洛州所属气象台站工作。由于当时各方面条件所限,我对外界的情况不甚了解,对果洛州只知道是牧区,路途遥远,条件艰苦,其他情况则知之甚少。10名同学当中有2名同学被分配到中心站气象站工作,当听到"中心站"三个字时,我们用羡慕的眼光看着这两名同学,因为给我们的第一反应就是这个"中心站"肯定是果洛州气象台站中最大的一个,工作环境、生活条件也是比较好的一个台站,要不怎么能叫中心站呢?心中便有了一个愿望,以后找机会一定要去中心站气象站看一看。之后,同学们依依惜别,陆续奔赴工作单位。

初到中心站

我被分配到果洛州气象台观测组工作,当时果洛经济落后,基础条件差,即便是州府所在地,也没有市电、无自来水、交通不便、通讯不畅,能和外界联系的方式就是写信,遇到急事便到邮局发电报。刚开始同学们互相写信,保持着联系,询问着彼此的情况,后来通信慢慢少了,联系也就不多了,对各自单位的了解只是一个大概。可我对于去中心站气象站看一看的想法始终没变,一直在寻找着机会。直到有一天,州局汽车要去中心站气象站送仪器设备及生活必需品,我便请了假搭车去看望同学,也实现当初的心愿,去那里看一看。

州局所在地离中心站直线距离虽然不远,但是由于路况差,到达中心站气象站已是晚上,四周一片漆黑,什么也看不清楚。两位同学热情邀我们到了宿舍,在微弱的煤油灯光下我逐渐看清楚,他们住的房子是用石头砌的墙,其实就是一石头房,后墙结了一层厚厚的冰,屋外风雪交加、刺骨寒冷,室内寒风嗖嗖,虽有煤炉取暖,但还是感觉冰冷难耐。一棵冰冻白菜,一把挂面,算是最好的晚餐。第二天我早早起床一看究竟,眼前的一切根本不是原来想象中的"中心站"景象,院内除了观测场,就是两排旧平房,气象站周围没几个单位,同样也是一些陈旧的平房,没什么像样的建筑。同学们介绍说,中心站其实就是玛沁县优云乡所在地,地处高寒缺氧,自然环境恶劣,生活条件艰苦,在这里工作生活确实需要非常有勇气和吃苦耐劳的精神。在之后的进一步了解中得知,中心站气象站承担着十分繁重的气象测报任务,虽然各方面条件艰苦,但该站的业务质量一直在全州乃至全省名列前茅,许多同志是全国、全省优秀测报员获得者。大家以站为家,团结协作,默默无闻,克服种种困难,创造了不平凡的业绩,每位职工身上都有着看似平常的事迹,让人感动、令人敬佩。

告别中心站

知道中心站气象站被调整撤站,是我已经调离果洛州好多年的事了。1997年12月31日,该站画上了圆满的句号,完成了它的历史使命。这一调整充分体现了上级组织实事求是、以人为本的理念,毕竟该站曾是青海省最艰苦的气象台站之一。2005年9月,我带队赴藏区开展艰苦气象台站运行机制改革调研工作,再次路过中心站气象站。虽然此时该站已被撤销,但是我们一行还是短暂停留,算是一次迟来的告别吧。看着已经拆得面目全非的气象站旧址,让人思绪万千,心情久久不能平静。中心站气象站虽然撤了,但是它留给后人的不仅仅是弥足珍贵的历史资料,更重要的是它留给我们宝贵的精神财富。现如今的气象事业已有很大的发展,气象台站的工作生活条件与三十多年前虽不能同日而语,但是,一代又一代中心站气象人为气象事业奋斗的精神永远无法忘怀,永远激励着我们,他们是高原最美气象人,他们的精神将永留史册。

中心站气象站,曾经是那样的艰苦、荒凉,又是那样的辉煌、荣光,每一个在站工作生活过的人,都收获了人生历练和积累,后来许多同志成为专业技术骨干,有些同志走上管理岗位。他们的汗水和泪水、爱情和友情留在了中心站,他们把青春芳华无私奉献给了中心站。回首往事,他们肯定对这段刻骨铭心的经历感到无比自豪和骄傲。

个人简历:

郭志云　男,1981年参加工作,先后在果洛州气象局、青海省气象局、海南州气象局等单位工作,历任果洛州气象局人事科副科长、科长;青海省气象局人事处科长、海南州气象局副局长、青海省气象局人事处副处长、青海省气象局办公室主任、人事处处长等职务,现任青海省气象局办公室主任。

我在中心站所经历的趣事
郭仁先

"中心站"好听的名字诱惑了我

1981年7月初,我们在青海省气象局接受了分配。我们一行10人被分配到果洛州气象局,再由州气象局具体分配到各县气象站。州局来西宁宣布二次分配的是州局办公室的王培华同志。

我被分配到果洛,说实在是极不乐意的,但也没有办法,那时候好多的人(包括家长)还不明白怎样去"走后门"。王培华同志在省局招待所宣布分配方案,宣布前透露了我们一行10人中,分到达日4人、玛多3人、中心站2人、州局1人,并征求了大家的意见,我的一位同班同学不想去玛多县(他是从玛多考出来进入兰州气象学校的),于是王培华同志问我:"能不能调换一下,小郭,你去玛多怎样?我看你年龄小一点。""不行,不行,我不去玛多,我父母原来去玉树路过玛多,玛多太艰苦了,我还是去其他地方。如果不能分在州局,最好是分到中心站。"我还偷偷地想:"中心站肯定是中心气象站,兰州中心气象台不就是西北的中心气象台吗?"州局的分配方案宣布了,我"如愿"地被分到了"中心站",心里有些高兴。

在家待了一个多月后,9月8日我们一行6人坐上了西宁—达日的班车,踏上了去参加"革命"的征程。第一天路过日月山、倒趟河、海南州、河卡。茫茫的大草原为我们初次上高原的年轻人带来的是兴奋和激动,一路上大家有说有笑,没感觉有啥不痛快。第二天的路上就不那么高兴了,越走越荒凉,大家都不怎么说话了,也许是心情的原因,也许还有高山反应的缘故。车到花石峡已是中午1点,车转向一直向南。这时有一个老果洛自言自语:"下一站就是中心站了,过了中心站就快到家了。"听后我和也要去中心站的冯大仓同学不由地高兴了起来,也有了点精神。说实在的,不想多坐这破烂的班车了,早点到单位早好!一路上我不停地张望,不停地打听还有多远。"过了这个山就快了。"过山后一路下坡,车越来越快,我的心里一阵阵的心慌,"中心站"很好吧?是果洛州气象部门的"中心气象站",一定会很大的?心中不停地想,眼睛不断地望,大约下午5点左右班车转了一个弯,司机喊道:"中心站下车的人准备一下,车快到站了。""啊呀呀",这就是中心站吗?一条土路直通远处,路边两排破旧的砖石砌墙、铁皮为瓦的平房,草皮垒砌的院墙东倒西歪,坍塌的豁豁处有几只牛羊来回穿梭。因吹着大风,马路上只有四五个留着长头发、穿着油光发亮衣服的年轻人揪着胳臂走进了一个单位。我的心一下子凉到了极点,眼中不由地有了"湿润水",但"装好汉"尽力克制没让它流出来。

都是"中心站"这个好听的名字诱惑了我,我在"中心站"的怀抱中"战斗"了两年。

学骑马差点要了我的小命

1982年10—11月间,我和蔡占文同志闲的无事可干,边抽烟边闲诳去气象站西北面的小河桥上玩。

老人们常说:闲马甭骑,闲事甭干。但不服输的年轻人就是好奇逞能。我俩在桥上正在闲诳的当中,有一藏族壮汉骑着一匹"枣红色"高头大马,手里还牵着一匹"无精打采"的"青白色"马路过河桥去西边。"今天,骑一下这个马咋样?""你敢骑吗?""有啥不敢的,后面的这匹马一看就是母马,肯定不是厉害的!""阿老,你的马我骑一下吧?"藏族壮汉会心地笑了笑,点头答应道:"噢呀!"并随手将马缰绳甩给了我们。我俩一看此马无鞍光背,心想好骑。在蔡占文的鼓励下,我抓住缰绳纵身一跃便骑上了马背。谁知此马驮着我便奔跑了起来,我想拉着缰绳会让它听话慢下来,可越拉缰绳它跑得越快,引得藏族老乡和蔡占文在后边不停的大笑、起哄。此时的我有点紧张了,一边拉着缰绳好让马停下来,一边想着怎样从马上跳下来,马离开公路朝西边的小山处跑去,一上一下,把我摇晃得不知所措,两腿紧紧夹住马肚子,两手去抓住马鬃紧紧趴伏在马背上任由它驮着我奔跑。虽说此时的我紧张害怕,但脑子还是明白的,心想:不能这样下去了,如果它上了小山包再向山下跑,我就没命了,应该尝试一下,在它上山或上土坎时跳下去,不管怎样能保住命就行。不知过了多长时间,就在马向一个大土坎上奔跳的同时,我顺势朝前面的土坎上跳了下去,后背着地,后脑勺被草地碰的眼睛冒"金花",好在此时马也停了下来,让我逃过了一劫。

过了一会儿,藏族老乡和蔡占文到了我的身边,看着我没啥大事,边笑边说:以后还骑不骑?我苦笑着摇了摇头。

学滑冰摔碰掉了老陈的牙

1981年11月的一场大雪让地处大草原的中心站成了白茫茫的世界。站上大部分人除了值班和参加开会、学习,其他时间就无处可去了,常常拿地温罩抓麻雀吃肉或几人凑起喝酒,除此外再也没有任何的业余生活了。我们参加工作不久的几个年轻人觉得无聊极了。

有一天,同事李万军(1981年8月,由省气象局报务短训班分配去的省局职工子弟)有了个想法:"单位后门外的河滩有好大的一块冰场,我们可以滑冰啊!""我在西宁练习滑过几年,可以教你们。""我在西宁的朋友可以借给我冰鞋的,你们要是愿意,我就打电话让他们带上来。""愿意、愿意!"几个年轻人喊着拥护响应。

大约过了半个月,省气象局为牧区气象站运送白菜、大葱的卡车到了中心站。司机也给捎来了4双冰鞋。滑冰对于我们的确不是易事儿,几人刚穿上冰鞋,甚至都还没有站起来就摔了第一跤,不过还好,因身上穿的厚实摔得还不算太疼。当然几个年轻人不会因为这点小事就泄气,开始死死地缠住没穿冰鞋的人挽着我们学站立、学跨步;还好过了2~3个小时我们大家基本上能在冰场上慢慢地走起来了。通过一次次的摔跤,又一次次的爬起,个别人也滑得有模有样了,很像那么会事儿。以后的日子里,河滩的冰面上经常有我们气象站的年轻人在滑冰,引得其他单位的年轻人好生羡慕。我们单位年纪稍大点的同志(陈学义、郭华等)也加入了滑冰队伍,而且他们几位学得比年轻人还认真踏实,不遗余力,没过几天滑的是"自由自在",花样百出。

大家学会了滑冰,丰富了业余生活,但也付出了"代价"。有一天去滑冰,老陈(陈学义)从郭华的手中抢到了冰鞋,穿好鞋后跟着我们滑。滑了约1个多小时,李万军就教我们学"急刹车",这个动作很难,不是老手是掌握不了的,大家还是硬着头皮去学,常常是摔得"前仰后翻",好在我们几个年轻人"出手较快",都有手的支撑而没有出现意外。老陈因"出手问题",一个"急刹车"将他重重的身体摔在冰面上,而且是摔趴在冰面上,他的前门牙也被碰掉了。

个人简历:

郭仁先　男,青海乐都人。1981年6月毕业于兰州气象学校,1981年9月—1983年12月在中心站气象站工作,之后在果洛州气象局、海东气象局等单位工作,现任海东市乐都区气象局局长。

小站的水井

蔡占文

记得小站的水井靠近我屋檐的前面,
透过果洛高原湛蓝的天空,
里面倒映着我天真的照片。
水井的水位很高,伸手可触,水太清,何止甘甜啊,
总想起小时候老师讲过吃水不忘挖井人的故事,
穿过长长的时间隧道,天地至简,叩问芳华。
寒冬时节,裹着暖暖的皮帽皮鞋站在井里,
水井的冰更厚,水眼更小,
就用厨师的坎斧撬开冰块,水桶吊到井中一瓢瓢去舀冰。
水井又恢复了她天然的素颜,
迎着冬日早晨第一缕阳光还有一丝冷风,
回报给她最清新的微笑和任何风雨都不能剥夺的温柔。

第九章　小站往事

　　后来小站从追梦的历史走来，
　　　穿过仁侠姆草原帐篷的烟影，伴有风雨雷电的彩虹桥，
　　　　一路走来，走得不紧不慢，撒满鲜花。
　　　水井慢慢开始遭到冷落，
　　　　如搬了家的邻居，渐渐疏远，
　　　跟着小站的脚步，走进来自五湖四海人们的心里。
　　到高原古城西宁、南海之滨湛江与羊城广州工作与生活后，
　　　我把水井背到了他乡，
　　　把水桶、坎斧与翻毛皮鞋，放到清甜的井水里储存，
　　　天再冷，也不愁打不到水，总有黄河源水在心田滋润。
　　时光一下子流过35年，已找不到水桶，更找不到小站的水井，
　　　早在二十年前的今天，小站撤销了，从此失去了气象功能，
　　　水井填掉了吧——年轻人都实话实说，没有去过也就没有见过。
　　　我幸亏当年把水井背走，不然到老也不知井水的味道，
　　　更不知现在的年轻人，没有了这口水井，去拿什么来装下……
　　　　他们的气象情结。

（2018年1月18日写于广州）

个人简历：
　　蔡占文　男，青海贵德人。1982年毕业于兰州气象学校，1982年9月—1988年6月在中心站气象站工作，历任观测员、副站长、站长。之后历任青海省气象局人事处副处长，湛江市气象局纪检组长、副局长，广东省气象局气象公共安全技术支持中心副主任等职。

雪山脚下风雨情

铁顺富

　　打开地图，可以看到雄伟壮丽的昆仑山绵延东伸，分支出皑皑白雪的阿尼玛卿雪山。雪山脚下草原毗连，溪流纵横，在这美丽的草原上，在花吉

公路112千米的地方,曾经有一个气象站,叫中心站气象站。1959年6月,根据上级的统一安排,由付润波、徐旭初、陈侠生、陈庆有、从明理、毛华寿等前辈开始筹建,经过他们艰苦卓绝的工作,9月1日完成了建站并开始观测,至1997年12月31日由洪卓华、王国平、李雨瑛、王新、康永军他们完成气象站的最后一次观测,共计38年7个月的气象生涯。38年7个月的燃烧岁月,经历了101位气象人的代代相传,中心站气象人以坚毅、执着和乐观的信念,在冰与雪的世界里,发扬"特别能吃苦、特别能忍耐、特别能战斗、特别能团结、特别能奉献"的高原精神,担当起时代赋予他们的历史责任,圆满完成光荣使命,积累了难能可贵的气象资料,也发生了许许多多可歌可泣和永远诉说不完的故事,为青海气象留下了宝贵的精神财富。

第一印象

1982年8月,我们从兰州气象学校毕业,省局人事处将兰州气象学校大气探测三班的季正明、王小明、杨发源、蔡占文,四班的李英年、戴升、殷显辉和我分配到果洛州气象局。州局派刘文安到西宁负责接收工作,第一次见到刘文安是在果洛州驻宁办事处,有一天晚上,他召集分配到果洛局的我们到他下榻的果洛办事处开会,进入刘文安居住的房间,只见他魁梧的身躯、英俊的脸庞、雪白的衬衣、锃亮的皮鞋,从里到外释放着一个成熟男人特有的稳重。他招呼我们坐下后,很有派头地宣布州局决定,我和戴升分到达日,季正明、王小明分到班玛,蔡占文分到中心站……宣布完正事,对果洛完全陌生的我们免不了打听一下各单位的情况,他一本正经地说,分配你们去的这几个气象站,环境最美、条件最好的是中心站,他还补充说中心站人多姑娘也多。听了他的介绍,再看看"中心站"三个字眼,我们大家对蔡占文投以无比羡慕的目光。

根据安排,9月的一天,我们一行乘车从西宁出发,沿青藏公路西行,翻越日月山,第一次看到广袤的草原,成群的牛羊,一切都是格外的新鲜。过了温泉,来到了果洛第一镇花石峡,这里是去果洛和玉树的分支,往南走就是通往达日的花吉公路,花石峡到中心站只有112千米的距离,但这一段路要翻越著名的玛积雪山。玛积雪山又称阿尼玛卿雪山,与玉树的尕朵觉沃、云南的梅里雪山和西藏的冈仁波齐并称为藏区的四大神山,在藏族人民心中有着无可替代的神圣地位。9月的玛积雪山主峰依然是白雪皑皑,在太阳的阳光下闪耀着银色的光芒。汽车经过的路上虽然尘土飞扬,养护上好的公路却也畅通无阻。过了昌马河以后,地势平坦,成片的草原尽显"天苍苍、野茫茫,风吹草低见牛羊"的壮美景象,此情此景,印证着刘文安"中心站环境最美,条件最好"的话语。下午五点多,班车刺耳的刹车将我从思绪中拉回,汽车停靠在了中心站气象站的门口,我们将蔡占文的行李从班车顶卸下,帮他抬进了气象站的院子,冯大仓、郭仁先、裴健等一众人纷纷过来帮忙,下雨后泥泞的院子、草皮砌成的围墙、低矮的房屋、脏乱不堪的街道,这就是中心站给我的第一印象。此情此景,与刘文安介绍的情况大相径庭,我很长时间也没有明白是他与我们开的玩笑还是他有他的判断标准或有其他目的、隐情,我在果洛工作多年以后才有所领悟。

难忘的故事

"草原没有边,座座山峰都有一段美好的传说;畜群如繁星,个个牧民都有一个动听的故事",这是流传在果洛草原的谚语。而在中心站气象站工作的他们,每一次观测、每一份电报、每一次服务以及他们每个人在中心站气象站奉献的经历,就是美好的传说,都有动听的故事。

1988年4月的一天,刘光洪患感冒,本来身患心脏病的他知道高原上感冒会引起严重后果,但当时站上值班人员太少,他没有办法请假,只好每天吃些自配的药,缓解症状,但病情越来越重,实在坚持不下去了,在站上同志们的帮助下,到达日县医院治疗。县级医院医疗条件和治疗水平大大优于中心站,可他来达日的第三天就永远离开了,离开了他喜爱的工作、离开了年迈的父母、也离开了他最心爱的妻子和女儿。看到这样的悲剧,达日气象站全体职工在站长唐文云的带领下,帮助料理他的后事,大家自发地聚集在办公室做了4个花圈,分别代表中心站气象站、达日县气象站、果洛州气象局和他妻子、女儿。当他妻子和尚未懂事的孩子从浙江老家来到达日后,由于过度悲伤,几天的路途劳累和高原反应使她欲哭无泪,她几乎用嘶哑的声音诉说着他们结婚后团聚时的点点滴滴,诉说着他对她们深深的爱和思念,诉说着 6 月份就要休假带孩子去上海游玩的计划……那撕心裂肺的诉说使我终生难忘,也对中心站气象站职工甚至对所有艰苦气象站职工所处的环境有了新的认识。同时,对他们的奉献和付出(甚至是生命的付出)深深的敬佩。

  李雨瑛是个勇敢、聪明有灵气的姑娘。1993 年 2 月,她在返回中心站的路上,遇到雪灾,厚厚的积雪将整个草原掩埋,但她为了按时回到站上,不耽误值班,和她爱人租用一辆北京吉普车小心向中心站进发,在海拔 4000 多米的雪野,天地一统,整个世界由恐怖的白色统治,分不清汽车是在天上还是在路上,司机看到实在难走坚决掉头而回,可心里一直牵挂着工作的李雨瑛不甘心,又换乘一辆刚好路过的货车,前方路上的车辙被风卷起的雪掩埋,他们就边挖边走,肚子饿了,就用给同事们准备的一点结婚喜糖来补充能量,风呼啸着,雪花狠狠地打在脸上,已经冻得快失去知觉的他们,拍拍脸上的雪花和冰渣,继续将深深的积雪用铁锹挖,用手刨,两天三夜的挖行,车在雪地中只龟行了一千米多的路程。当他们绝望时,所幸果洛州局尼桑越野车恰好路过,将她带回了中心站。事后李雨瑛回忆那惊魂的两天三夜,州局越野车的到来是巧合还是轮回注定?如果那次没有遇到李悟林副局关的车,已经冻伤了手脚、没有了食物、几乎失去信心的他们将是一个怎样的结局!

  同样的故事,三年后又一次重现。1996 年 3 月,州局副局长山巍和司机田卫民给中心站值班的同志们去送蔬菜,在返回西宁的路途中,他们遭遇了暴风雪,暴风雪使这里的一切都被大雪覆盖,山川、河流、草原,也包括公路。雪,阻断了交通和外界的一切联系,山巍和田伟民步行从牧民家中借了铁锹,并带上他们资助的糌粑,边挖边走,饿了吃点糌粑,渴了喝口雪水。雪山 3 月的天气,气温之低不难想象,可他们两人头上却冒着热气,流下的汗珠又在胡须和发梢上结成了冰珠子,裤腿上结成的冰块在走路时"啪啪"作响。白天还好,到了晚上,严寒使他们无法入睡,寒冷、饥饿和远处不时传来的狼嚎伴随着他们,就这样他们度过了四天三夜。四天三夜啊!风雪阻断了的山路硬是让这两个铁骨铮铮的汉子挖开了一条生路。

第九章　小站往事

郑英贤,1989 年 6 月从兰州气象学校毕业,被分配到中心站气象站参加工作,1994 年 12 月被任命为中心站气象站负责人。她是个漂亮的女孩儿,很有个性,被高原强烈紫外线晒的微黑的脸上闪烁着一双炯炯有神的眼睛,走起路来很有精神。对于一个 20 多岁的女孩来讲,承担如此繁重的工作是艰巨的挑战,除了正常的业务工作必须抓好以外,单位的"内政外交"和十几号人的吃喝拉撒都需要操心。在困难面前她没有退缩,而是以坚忍不拔的决心,将这个条件极为艰苦的边远气象站管理得井井有条。

她出色的工作和优秀的管理能力多次得到路过中心站气象站的省局领导夸奖。她是中心站气象站 38 个月 7 个月历史中的最后一位站长,也是唯一的女站长。站上没有灶,职工吃饭是个大问题,她就在自己家做饭,让他们去她家"蹭饭",日子久了,大家就把她家当做了食堂。每次省局和州局来人,她也是在自己家做饭招待,但她从未在单位报过一分钱的招待费,这种"公私不分"的做法在其他单位看来确实不可理解。

永恒的精神

雪山就像神圣般的巨人,像伟大的勇士,千百年来被人们赞颂着、歌唱着、膜拜着,而在雪山脚下观天测雨的中心站气象人就像草原上无名的小花,他们枝细、叶稀、花小,微风吹来,随风摇摆,身姿可怜的叫人同情、怜爱;暴风雨袭来,东摇西晃,眼看着要倒在地上,可他们又顽强地抬起头,挺起腰板。如此这般,他们一年又一年撑持着,有时他们讨嫌自己的命运,但也很满足自己的命运。他们也哭、也笑、也怒、也骂,也激动、也流泪,那笑声和泪水往往化为一种营养,滋养着自己也滋养着我们的事业。他们取得的每一点成绩,每一份荣誉都是用汗水和泪水凝结而成,他们在极为艰苦的环境中迸发出来的不屈不挠、不辱使命、永远向前的精神将永久载入青海气象发展的史册。

个人简历:

铁顺富　男,青海湟源人。1982 年毕业于兰州气象学校,1982 年 9 月在达日县气象站工作,历任达日县气象站观测员、观测组长、副站长、站长。1996年10月调果洛州气象局工作,历任财务科长、副局长、局长、调研员等职,2014年12月,借调青海省气象局《青海省志·气象志》办公室,开始撰写《青海省志·气象志》工作,任总纂。

短暂的停靠　永久的回忆

魏国志

　　人生的旅途很漫长,但有时又觉得很短。参加工作30多年,回头来看,有时觉得很长很长,但有时觉得很短很短,这可能就是人生。果洛州玛沁县优云乡中心站气象站,我在那里停靠过,虽时间短暂,只有短短的一年半时间,但给我的记忆却是那么的深刻,因为它是我人生旅途中最主要的第一段。一个来自乡村的八十年代的年轻人,1983年刚刚从学校毕业,就分配到该站工作,心情是愉快的,但环境条件对我来说又是极度的陌生。在兰州,穿的是短袖凉鞋,到了西宁加穿外套。按照指示我们又在省局领取皮棉大衣等劳保用品,随后和其他两位同学一起踏上了去工作的行程。解放牌长途班车,两天的行程,由于在昌马河多车追尾事故,竟用了三天的时间才到站。途中使我难忘的是我和另一名男同学裹着棉大衣在牛粪麻袋上睡了一晚,但这还是最好的"床",因为其他人员无处居住,只有在一个小小的火炉旁或站或坐了一夜。到中心站时已时至中午,董步礼站长亲自为我们3位同学煮了一锅热乎乎的挂面。几天的时间,让我们经历了春夏秋冬,高原天气给我们上了一堂自然实践课。

　　老站长董步礼严谨的工作作风给我留下深刻影响。他严肃认真,精益求精,满腹经纶。严谨之中又带幽默是董站长的特征。到站后3个月的跟班期一天都不能少。每一个数据,每一个符号,每一句文字表述,认真细致,绝不放过。每天练习字码符号,是必须完成的。而其中郭仁先、蔡占文两位同志的字码是果洛州的榜样,当然更是我们学习的典范。每月的质量讨论会是我们这些年轻人提升素质的关键,总结经验,高度重视,提升技能,减少错情。政治学习也就是念报、讨论之类,但大部分同志

第九章 小站往事

讲的都很简短,唯独我们的董站长,一个人能讲一下午,或许还要延续到晚上,讲的头头是道,我就弄不清楚他的肚子里到底有多少文章。而这位老站长偶尔的笑话和幽默,则能使大家开怀大笑,久久不可忘怀。老站长的言谈举止给我留下深刻印象,他的这一严谨作风,影响了我们更多的同志。记得有一晚我值大夜班,凌晨两点上班后发现风吹得很大但风杯不转,由于当天夜晚有雨夹雪,故应是降水结冰所致,交接班的同志和其他同志一道,照着手电筒,踩着结冰的独立钢管式风向杆,一级一级,一层一层,破冰爬升,将风向风速感应部分修理恢复正常。中心站的大风是出了名的,遇到这样的情况,我们则是相互牵手走路,相互扶助观测。在艰苦的环境中,在董站长的带领下,各位同志都表现出了极大的团结互助和友爱合作。

中心站气象站,最大的困难就是交通不便,冬季严寒。到达日县城(吉迈)的班车每旬才两趟,车况差、路途远、行车慢,有了急事出不了站。来趟西宁就是整天在马路边上等车,还不一定能等到。生活用品是极度贫乏,漫长的冬季是我们最难熬的。罐头、挂面、粉条、大白菜、冻肉是我们最主要的食物储存。但那时州局的车辆每年都会给我们拉这些冬储菜粮。那时的"大锅饭"则是多人做,多人吃,每个人自己做,但不一定自己吃。煮一锅肉,那就是大家的。谁从西宁回来带的美味佳肴总是共同享用,我们就将这叫做实现了"共产主义"。宿舍是石头墙石头房,冬天的宿舍内结满厚厚的冰层,晚上睡觉都是两床被,内衣之类贴身的衣物则放在被子的夹层中,为的是第二天穿衣好受一些。听说还有人在该站创造了三天三夜不起床的记录,这其中的奥妙是怎样的,只有同志们去猜测。在我的记忆中,就是没有菜市场,没有买菜的印象。但我们参加工作第一年乡政府供应的冬肉则是比很廉价,一头牛 50 元,或三只羊每只 13 元,够我们吃一个冬季。但宰杀则是比较困难,所以我们就在这里学会了自己宰羊。廉价到什么程度?羊皮能卖 4 元,牛皮能卖 15 元,工资一月 150元,这就是对比价格。我们有一位同志,50 元买了一头牛,来了一位西宁的司机,50 元买走了一条牛腿,买牛的同志几乎白白享用了剩余的整个牛系列。

中心站气象站，最贫瘠的则是文化生活。那时正是老中青相结合的年代，年龄稍大的除站长外，还有一年四季留着寸头的摇电员陈学义，走路小心谨慎的张秀卿。中年人有找对象高标准但又找不到对象的上海人裘健，小胖墩朱有宁。年轻人则比较多，有整天把红酒（佐餐）当茶喝的华贡加，打扮时髦的郭仁先，面带微笑的徐理英，高挑大气的国莉芸，喜爱打猎钓鱼的冯大仓，经常戴一顶流行黄军帽的蔡占文，以及刚分配的沙玉英，石金雄等。那时的生活，除了上班，就是睡觉、吃饭、喝酒、聊天。我们也创造了连续30天喝酒不间断的记录。当然值班人员是不能喝酒的，这是规定。集体做晚饭，集体喝酒，最快的一次，白天下班的人员进门"补官、过官"（喝酒的方式），30分钟结束（当然是提前设计好的），就来了个"现场直播"（喝吐了）。我们也订报纸、订杂志，每个人不下四五种，也是经常看书，看报。但报纸不是日报，全部成为了"旬报"或"月报"。但同志们还是愿意看。有时我们也出大门，观望那些有可能过路的车辆或人员。记得有一次我们站在百米外的宿舍前，有位同志突然说道："你看，到达日的班车，车上还坐了一个双眼皮的姑娘"，这一说引得大家哄堂大笑。责骂声、搞笑声、议论声连成一片。

在中心站，我们学会了自力更生，学会了独立自主。弹指一挥间，在那里虽然只有一年半时间，但却留下了太多的值得回味的美好记忆。那美丽的草原、清清的河水，还有那奔驰的黄羊和河中游动的鱼儿们。

中心站，我永远的回忆。

个人简历：

魏国志　男，青海乐都人。1983年毕业于兰州气象学校，1983年8月—1984年10月，在中心站气象站工作，之后，在班玛县气象局、果洛州气象局、玉树州气象局等单位工作，现任西宁市气象局纪检组长。

回忆中心站
刘长德

岁月匆匆，离开果洛已经二十二年了。中心站气象站艰苦的环境仍

第九章 小站往事

然历历在目。年轻的气象员们,克服高山反应,承受生活困苦,出色地完成了各项任务。他们有激情、有压力、有困惑、有奋斗、有喜悦,他们不畏艰难、忠于职守、顽强拼搏的精神,永远值得我们学习和发扬光大。

(一)

1993年2月,刚参加工作不久的李雨瑛探亲返站途中,遇到了大雪封路,交通受阻。这个女孩子顶风雪、冒严寒,踏着积雪,冒生命危险,千方百计克服困难,按时返回中心站上班的故事感人至深。

1989年8月,全省气象系统举行"业务技术大赛"。中心站气象站派出报务员卓玛措、张强两位同志代表果洛州局参赛,经过拼搏,果洛州局荣获报务团体第二名(省局通讯处为第一名)。这是中心站和果洛州局的骄傲。

1984年6月,站上摇电员陈学义同志说:"结婚二十年了,夫妻在一起不到一年,老婆有病难以自理,儿子疏于教育出了事情。"老陈知道自己没有专业技术,文化程度也不高,没有提出调动要求,更没有打调动报告。州局如实向省局人事处反映,并请求省局帮助解决。经人事处王文辉处长协调,不久陈学义同志被调到省局供应处做门卫工作。

(二)

1988年4月,达日站来电话称:"中心站气象站报务员刘光洪在达日突发心脏病去世了。"事件的突然,如晴空霹雳,我们忍着心中的悲痛当即向省局人事处报告;接着打长途电话告知刘光洪的父母和爱人,并征求后事处理意见。

工作安排,州局办公室、人事科一行五人,另外开着一辆卡车,火速赶往达日。

到了达日之后,站上同志和县医院的大夫告知:刘光洪返浙休假,途经达日候车,第三天晚饭后,正在聊天的小刘突然倒地。在场的同志赶快叫来其他同志,七手八手把他抬到床上,此时小刘已经失语,等抬到医院已经没有知觉,医生宣告不治!

过了三天,刘光洪的爱人赶到达日。后事全部准备好了。达日站不值班的同志、达日县上的同志约四十余人参加了追悼、送葬仪式。当灵柩行至公墓门前,卡车突然熄火!送葬人群中有人喊道:"刘光洪不想进去!"顿时,大家沉默、肃静。是啊,他才 26 岁啊!

安葬小刘之后,大家护送小刘的爱人到了西宁。省局人事处和州局按照有关文件的最高标准,考虑到小刘的爱人尚且年轻,一次性发给了抚恤金。她,带着失去亲人的无限悲痛,踏上了返回江山县的列车!

(三)

1984 年 3 月,我刚到果洛时,中心站气象站发报的动力是"摇电",照明是蜡烛。站上没有食堂,吃饭都是个人凑合。

吃水的水井,冬天最冷的三四个月,水井口打完水就冻上了。下次再打水,就要用钢钎打一个很小很小的孔,用罐头盒当水桶,一点一点地打水上来。水井周边结有厚厚的冰,摔倒是常有的事,一旦摔倒,打水就要重来。

靠西墙的厕所,冬季强烈的西风,沿着茅坑呼呼地吹来,人蹲不下去,待"完成任务",身体已冻得冰凉冰凉,疼痛难忍。这哪里是"解手",而是"上刑"!

随着国家的发展,上级的关心,艰苦气象台站的工作条件、生活条件以及工资待遇都有了大幅度的提高和改善。

1986—1987 年,上级为我们配发了两台柴油发电机,之前也建起了食堂。1989 年,州局挤出经费为中心站气象站修建了一所离地 2 米,东西向,档风效果较好的厕所,离值班室、生活区较近的地方重新打了一眼水井,并盖了水井房。

1991 年,上级拨专款为中心站气象站建成了值班室、办公室、伙房、餐厅和宿舍,大大改善了该站的工作条件和生活条件。州局再次挤出经费为中心站气象站购置了直径 2 米的卫星电视接收天线,为了架设该天线,专门在值班室门前修建了一个平台。进入气象站的大门,平台及上面的卫星电视天线尽入眼帘,恰是一道亮丽的风景。逢到节日,气象站举办舞会,乡政府及乡上其他单位的同志都来参加。电视信号还接送到了乡政府。气象站在优云乡成了大家羡慕和称赞的单位。

个人简历:

刘长德　男,生于 1938 年 7 月,江苏省徐州市人。1962 年 10 月毕业于青海农牧学院气象系,1984年2月—1994年11月任果洛州气象局副局长、局长,副研级高工,1994年9月被青海省人民政府授予劳动模范称号,1998年8月退休。他长期在海拔3600米以上的艰苦台站从事观测、管理工作,分别在杂多县、玉树州气象局和果洛州气象局工作,现定居江苏徐州。

中心站散记
易智勇

离开果洛州玛沁县中心站气象站已近三十年了,当初刚从学校出来,步入社会的青春年代久久无法忘记。

1986年7月,到中心站报到时老同志有裘健、刘光洪、万民安、薛江、李卫、邓小聪、张宗贵、李学文、廖桂林和炊事员袁得鹏,还有刚分配到站里工作的青海气象学校毕业的张茂、吕辉、坎卓吉、乔兰措、卓玛措5人。副站长蔡占文到西宁接我们3个新同志,与我到站的有李葵花(湛江象学气校)、陈雅慧(海西干训班)2位女同志,我毕业于兰州气象学校,全站19人,还有站长李悟林和张国庆2人在校进修。我们几个同时分配到站的年轻人,一个个意气风发、朝气蓬勃!

年底,李卫调离中心站气象站。1987年,先后有廖桂林、万民安、陈雅慧、李学文、李悟林、李积芳、薛江调离,学校分配来中心站的有郭林、贺海成、苏炯、张强、汤建新等。

1988年4月,我们的好同事、好兄弟刘光洪同志因突发心脏病在达日县人民医院去世,噩耗传来在站的人员万分悲痛,自发地编制了花圈,面向达日方向焚烧为他送行。6月,蔡占文调离,7月,我接到了调往班玛站的调令,从此离开了工作、生活了两年的乡级气象台站。

短短两年时间,却有几件往事至今难以忘怀。

灭鼠能手

中心站气象站有位灭鼠能手,但很少有人会想到是他,他叫薛江,藏族,担任摇电员、油机员,平时非常喜欢喝酒和打枪,有一支小口径半自动步枪。平常工作之余,他总爱拿着枪在院子里练习枪法,别说他打得还真准,有时打老鼠,有时打麻雀,有时跑到院子里的野狗也是他的目标,几乎弹无虚发。就是子弹不好买,当时,一盒小口径子弹(50发)25元,都是从外地带来的。当地老乡也非常喜欢枪支、弹药,平常在马路上可以看到骑着高头大马,背着双岔枪的牧民从大街上通过。

站上及马路两侧的老鼠都成了他的活靶子,他平均每天拿枪时间为两小时,一天没打上几枪,这一天就不算过完。自从有了第一台汽油发电机以后,摇电发报的机会是越来越少,我在中心站工作的两年时间里,只有很少的几次需要通过摇电将气象电报发出。尤其是1986—1987年配发了12千瓦柴油发电机,油机房交给袁得鹏管理后,他的工作就只有周一至周六每天下午的行政班学习和每天上午将单位的两辆灰车拉到垃圾场倒掉、给办公室生个火等活儿,非常清闲! 每天看到他时,他总是手端小口径步枪,半蹲姿势,瞄准、扣动扳机,一声枪响,几十米外的目标物应声倒下。直到几年以后,气象站院子里都不容易见到老鼠的踪迹。

草原春游

1987年,端午节前后,我们在站长的倡议下,到中心站南面的小土山进行了一次春游。那是一个阳光明媚的星期六,万里无云、风清气爽的早晨,除当天白天班值班员外,其余在站的人员,带着前一天做的小吃,拌的凉菜、凉面,煮的手抓饭等物品及相机,薛江带着他的小口径步枪,我提着红灯牌收录机,并带了几盘磁带和一盒1号电池,开始向目的地进发。经过半个多小时,我们找到了一块位于半山腰的平坦地,将一切物资放好,开始进行各种游戏,组织了爬山、照相、射击、跳舞(迪士科)、钓鱼等活动,有两人负责捡拾牛粪生火、提取河水烧茶等,总之人多好办事。当大家再次回到就餐区域时,奶茶、啤酒、凉菜、手抓饭等一应俱全,欢快的迪斯科乐曲响起,大家边吃边喝边唱边跳,其乐融融,陶醉在青青的草原上。快13点时报务员和摇电员去发报,我们剩余的人一直玩到16点才返回,欢乐的春游就这样结束了,这也是我参加工作以来的第一次春游。这一次春游,没有什么像样的装备,没花多少钱,大家玩得非常开心,既增进了友谊,又陶冶了情操。

在那个物资相对匮乏的时期,生活物资实行供给制,吃的最多的就是罐头(水果、红烧大肉、午餐肉、蘑菇等)。组织这样的活动,调剂职工的生活情趣,也实在是不容易。

观测平台

中心站气象站有一个观测平台,是全州各站唯一的观测平台。于 1965 年由老一代观测员手工建成,观测平台距地面 2 米高,以 4 根木桩为基础,面积约 4 平方米,平台上由木制围栏、木板和木制楼梯组成。在平台上安放有暗筒式日照计进行日照记录观测。20 年的风吹日晒和每天观测员爬上爬下,木制楼梯被磨得非常光滑。1987 年 6 月,接到省、州局业务质量大检查文件后,对平台进行了拆除,日照计改用观测场备份仪器进行日照记录观测。

平台,还担负着瞭望的功能。在我们独立上班后,就很少上去,观测、记录都在观测场内进行,只有每天换日照纸时才上去。尤其是下雪、结冰后,在上面行走很不方便,平台的瞭望功能渐渐失去。

储藏冬菜

记得 1986 年秋,冬菜拉运到站,大家把新鲜蔬菜分为集体和个人两部分,集体的菜就要放入到菜窖中,菜窖位于食堂门口 1 米处的地下室。主要储藏洋芋、红萝卜、白萝卜等。大头菜、大白菜要进行通风晾晒。我肩负食堂保管员,遇到好天气,要同炊事员袁得鹏一起将部分蔬菜搬出来进行通风晾晒,下午适时收回,这样经过多日的通风晾晒,蔬菜表面干燥后就可以入窖保存了。那一年,站上男同志基本都上灶,女同志很少上灶,拉冬菜时拉的大头菜多,地窖中放不下,会议室也成了放菜的地方。一旦入窖,十天或半个月,还要进行通风巡查,若发现大白菜表面出现问题,就得将全部大白菜从窖中取出,剥除表层后,再放入窖中。为了让大家在漫长的冬天能够吃上足够的蔬菜,袁得鹏和我要多次进行这样的清理工作。并且入冬后,前一段时间安排的伙食比较好,先吃细菜,如辣椒、油菜、菠菜、菜花等蔬菜;次年三四月份就到了青黄不接的时候,窖中仅剩些洋芋、葱蒜、冻大头菜。冻大头菜吃起来是苦的,在凉水中慢慢解冻,做菜时加些糖后味道好一点……

那一年冬天的生活就这样不知不觉地度过了。等到冰雪融化、道路通行后,也有拉菜的车从中心站经过,在路边做短暂停留,那时就能买到部分蔬菜了。中心站吃菜难,人人皆知,因此,就有了一条不成文的规定:但凡来中心站气象站或路过的人,就要带些蔬菜过来。

12 千瓦柴油发电机

1986 年 9 月,省局为中心站气象站配备了一台 12 千瓦柴油发电机。省局装备处周文利指导我们对油机进行安装调试,手把手地现场指导袁得鹏全面地掌握了油机的主要故障的维修技术。经过几天的调试磨合,发电机终于正式供电。同时派袁得鹏参加省局举办的近 1 个月的柴油机学习班。由于当时条件的限制,启动油机还是用摇把摇,到 1987 年为油机配备了电瓶后,才变得相对容易一些。每天晚上从 19 时发电到 23 时左右,报务组人员利用有限的时间给电瓶充电,我们地面组值班人员同时也将 PC-1500 计算机和电接风指示器供电方式由直流电改为交流电,让干电池得到短暂的休息。回到宿舍将电热褥电源打开,铺好被子,这样等睡觉时被窝就不那么冰凉了。袁得鹏一边给大家做饭,一边还要发电,太辛苦,到 1987 年 5 月经袁得鹏提出领导决定,袁得鹏只负责发电事务,另找一名大灶炊事员。所以,后来人们习惯称袁得鹏为"袁炊",就因为是大灶炊事员的原因。

在中心站生活了两年,每家每户(包括办公室)的日光灯不需关,只要一送电立刻是一片光明。当时全站主要的用电机器不多,站上办公室的一台电视机和报务组充电机一台,个人只有 2 台双卡收录机和几台单卡收录机,每人一条电热褥(100 瓦)。由于在高原,油机的功率只有平原的 60% 左右,12 千瓦柴油机满负荷运转功率只有 7～8 千瓦左右,但也基本保证了大家的用电需求。在配发柴油机之前,省局为站上配过一台 5 千瓦汽油发电机,由于功率不足,只能供照明和电瓶充电,还经常出现缺汽油和难以启动等问题,没有柴油机耐用、油料容易贮存等优点。

第九章 小站往事

自从用电得到保证后,站上的业余生活就丰富多了。与乡政府联系将省、州配备的电视接收转发设备交给气象站管理,并将用电线路与乡政府线路相联,每天晚上定时送电,让全乡有电单位都能收看到中央电视台发出的电视转播信号;每周六晚上我们还组织全站职工举办周末舞会,跳迪斯科和交谊舞;后来还邀请民贸公司、银行、粮站等单位参加。由于定期举办,后来大家到时间就自觉地过来参加。平常大家都围座在电视机旁收看电视节目。

1987年,经过站领导的要求,州局给站上配备了1块新的12伏酸性干荷电瓶和1块旧的12伏汽车电瓶。新电瓶我们充好电安装在油机旁与启动盘相联,结束了手摇发电的历史。只要在发电前给油箱加入足够的油,水箱内加热满水,定时进行巡视机器运行就成了。另一块旧的12伏汽车电瓶,我们安放在报务组充电,作为备份。至此,油机员的工作压力就减了下来,才有了袁得鹏从1987年下半年在气象站大门口建小卖部卖藏式产品的经营活动。

在冬天最冷的季节里,为了保证正常供电,我们还在早上5点和8点进行供电的尝试。做法是地面大夜班工作人员,将柴油和水在值班室火炉上加热,到4点50分左右,油机员到值班室提走柴油和水,加入柴油机进行发电,等报务组将报文发出后再关闭油机。采取这种方法后,19时发电时机器很好启动,但是增加了油机员的劳动强度。一般情况下,只要是我值大夜班时,都是自己进行发电、关电操作。使用的油料由我保管(1986年由裘健管理,1987年由我管理),加多少油都是有规定的,大家得认真遵守。

1987年底,为解决中心站气象站用电问题,省、州局又为中心站气象站配备了一台12千瓦柴油发电机。这样就可以一台发电,另一台进行维修和调试。柴油机的保养非常重要,记得有一次,发油机时,将热水加入水箱,发着送电后,就离开油机房,没过几分钟,听到油机房传出可怕的声音,袁得鹏听到后,赶紧赶到油机房,将负荷断开、油机转速降下来,从家里提了一壶开水加入到油机中,听着油机声音趋于正常后才松了一口气。由于晚上放水后水箱没有关,天气冷,开关被冻住,当加入热水融化后水箱水流完了,出现"红烧"机器现象。这次多亏是袁得鹏发现并及时处理,否则,将出现机器报废的可能,真是有惊无险。事后,袁得鹏给我们几个业务人员介绍了有关油机故障处理方法、操作规程等。

虽然,我在中心站气象站只生活、工作了短短的两年,却对我一生的影响非常大。在那里我学会了许多业务技能、生活技巧等。1988 年 7 月,我调到班玛县气象站工作。1995 年夏季,我调至玛多县气象站工作时,才有幸回到中心站气象站做短暂休整,看到除个别房屋和温室被拆除,还新建了一排办公用房,曾经住过的石头房子还在,这样显得院子更大了,至此直到中心站气象站撤站,再也没有机会进去⋯⋯

个人简历:

易智勇 男,四川省资中人。1986 年 7 月毕业于兰州气象学校,1986 年 7 月参加工作,先后在果洛州玛沁县中心站、班玛县、久治县、玛多县和甘德县气象站工作,历任中心站、班玛县、久治县气象站观测员、观测组长等职,1995 年起,先后任玛多县气象局副局长、局长,甘德县气象局副局长等职。2012 年 4 月于甘德县退休。2015 年 7 月至今,受聘担任青海省气象局《青海省志·气象志》办公室编辑之职。现居住在西宁。

我的第二故乡

张 强

1987 年 9 月下旬,在果洛州气象局报到后,我被分配到玛沁县中心站气象站从事报务员工作,那一年我 17 岁。填了一系列的表格后,我被告知待在招待所等待,当时交通极其不便,没有去中心站气象站的直达车。

在一个举目无亲的陌生地方,我一个人在黑乎乎的四处漏风的土房子里面,围着煤炉过了七八天,非常孤独和无聊。终于州局给我通知,说找了一辆去中心站气象站的送邮件的便车,听到消息我兴奋得一晚上没睡好,生怕误了乘车时间。第二天早晨七点左右,州局刘长德局长亲自送我到邮电局去乘车,一路上刘局长嘱咐我要做好吃苦的准备、一定要努力工作等等,

第九章 小站往事

伴随着脚下"嘎吱嘎吱"的响声，我们俩人的身后踩出了两行长长的足迹。

操着一口徐州口音的刘局长千叮咛万嘱咐地做完交接后，我终于坐上了去往中心站气象站的便车，万分期待着我将要去工作生活的地方。车里很冷，没有暖气，我将身上的羊皮大衣裹得紧紧的，生怕漏进一点风（军绿色的羊皮大衣是省装备处按标准劳保配给，包括大衣、手套、棉帽、皮靴四件套）。解放牌汽车慢悠悠地沿着玛沁县东倾沟的方向，在满是大坑的沙路上一路颠簸着向大山深处进发。望着窗外被白雪覆盖的大山和山脚裸露的黑土，没有一点绿色和生机，我心里不知是何种滋味。唯一让我兴奋的是路边几只身形巨大的藏狗，它们追着汽车狂吠，陪着汽车一路奔跑。

经过四五个小时的颠簸，车在一个三岔路口停了下来，漫天的狂风夹杂着黄土砂砾呼呼作响，公路的两边稀稀拉拉地坐落着几间破旧的土平房，不见一个人，远处传来几声狗吠声。司机将我的行李卸下来后，告知我这个地方叫昌马河乡，中心站气象站离此地 24 千米，而他去的花石峡方向正好相反，让我在路边自己搭车前往目的地。司机踩了一脚油门绝尘而去，留下一脸不解的我在大风中不知所措。

没办法，只有靠自己了，吃了一口冻得硬邦邦的饼子，艰难地一点一点咽了下去，将羊皮大衣的领子竖起来，背着风左手拿着 10 元钱，右手攥着一个石头，生怕远处的狗跑过来咬我，沙子打在脸上，很疼。经过的车不多，远处传来汽车的轰鸣声，我就早早的从路边的沟里爬出来，将手中的 10 元钱高高举起晃动着，以便引起司机的注意，能够将我顺路带上。大多数司机在简单询问了几句后，根本不会让我上车，哪怕有一个空座位，也不肯捎上我，大概是嫌我手里的钱太少吧！又冷又饿被狂风吹了三个多小时以后，精神有点恍惚的我终于搭上了一辆去达日县送货的汽车，真是不容易啊！司机在简单询问了我的情况后，幽默地对我说：我一看你就是个学生，根本不像要去工作的，以后中心站就是你的第二故乡了！

终于到中心站气象站的大门口了，临下车前我将手中的 10 元钱给了司机，他笑着说你一个穷学生有几个钱，坚决不收。为了表达万分感激之情，我从包里掏出了带的一个水果罐头，悄悄地放在了座位上。

推开气象站厚重的大铁门，映入眼帘的是一个白色的观测场，不远处是一排深绿色的石头搭建的房子，黑色的厚重的门帘油光发亮，有的已经漏出了里面的棉花，破旧不堪。敲开值班室的门，里面围着火炉坐着七八个人，每人手里拿着一本书，好像在学习着什么。站长蔡占文得知我是来报到的工作人员后，立即和郭林将我带到他们的宿舍里，捅开了封好的炉火，泡了一包肉蓉牌方便面递给了我，我狼吞虎咽地将方便面一扫而光后，身上才有了一些热气，神志不清的我才缓过神来，毕竟这是一天来吃的第一顿热乎乎的饭。

此后的日子里（1987年9月—1992年7月），我这个一度不知道牛粪可以用来烧火取暖，提着水桶在水井边转了三圈满院子找自来水管的人，在这个艰苦气象台站工作生活了五年。"八一"式发报机和手摇发电机是我工作的好伙伴，直到1992年短波单边带电台的应用，我们最后一批"敲榔头"的报务员，完成了历史使命，也见证了一个时代的更迭，报务员这个工作也永远退出了属于它的历史舞台。1995年，我被调至果洛州气象局工作，1997年底中心站气象站撤站，"第二故乡"的所有青春记忆永远地印刻在我的脑海里，挥之不去。

有人曾经问我，你最美好的青春时光就在这样一个乡级艰苦气象台站度过，不觉得亏吗？我无法回答，但我知道既然选择从事了气象行业，就要守得住清贫、耐得住寂寞，就像草原上的一株小草，平凡的唯有坚守。我一生中最美好的青春年华都献给了中心站气象站这个第二故乡，不知道个人的贡献有多大，但我曾经真实的生活过、工作过，青春没有虚度。曾在一个报告里听过一句话，每一个在高原坚守的人本身就是一种奉献，所以我可以骄傲的说：每一个在艰苦台站工作过、生活过的人，都是应该被值得尊敬的。

一晃三十年过去了，我从一个懵懂少年坚守成了中年大叔，见证了三十年来果洛气象事业的飞速发展和日新月异的变化。在中国气象局和省局整体加快气象现代化的战略部署下，一批批艰苦台站整体改造项目逐步完成，台站职工的生活、工作环境有了一个质的飞跃，相信在一代代高原气象人的默默坚守和努力奋斗下，果洛气象事业的明天会更加美好！

生活花絮

大雪封山：1989年3月，玛沁县西部四乡（当洛乡、当项乡、中心站乡、昌马河乡）发生严重雪灾，玛积雪山大雪封山造成交通中断，四五十天没有一辆汽车经过，中心站气象站储藏的冬菜（萝卜、土豆、大白菜）已消耗殆尽，值班燃煤告急。全站人员每天只能以方便面、咸菜、罐头维持，这样的日子持续了四五十天。每天进食同样的食物，只是为了维持生命，以至于后来看到这些食物都想要吐。4月中旬，气温升高积雪有所融化，州局立即派车经过一天的艰难摸索运送了一车燃煤和一点蔬菜，才算是度过了难关。第二天我乘坐州局的车辆到州局进行业务培训，到达时已是傍晚时分，老站长蔡占文邀请我到他家吃饭，当嫂子将四菜一汤端上桌的时候，看到久违了的绿色的蔬菜时，我的眼泪不由自主地掉了下来，滴到米饭碗里，哽咽着将和着泪水的米饭咽了下去。

野蘑菇：1990年6月，站上的三位职工（张宗贵、周成、卓玛措）在山的背后意外捡了两衣服野蘑菇回来，大家兴奋得不得了，因为在海拔4200米的中心站很少会采到野蘑菇。据三人讲，山的背后还有好多野蘑菇，大家叫嚣着第二天要拿着麻袋去捡。野蘑菇炖熟后，大家风卷残云一扫而光，我死死地按住盘子，将盘中剩余的蘑菇汤一饮而尽。晚上十一时，大家各自回宿舍休息，我躺在床上，满口生津，暗自思量野味就是鲜，不料口水越来越多，已来不及吞咽，趴在床边，借着手电筒微弱的光线，看到吐出的是亮晶晶的口水，不一会在地上已是一大片，手电筒照在口水中，满是金黄色的星星。我全身大汗淋漓，将枕巾顺手拿来在身上擦拭，一边擦一边机械性地吐口水，神志也有点模糊不清了。等我再次醒来时，已是凌晨五点多，坚持着爬起来跟跟跄跄地去了地面值班室，微弱的汽车灯光下站了两个黑乎乎的人（周成、马永泉），面目我已是看不清楚了。两人将两个凳子并排后扶我躺下，倒了一杯熬茶给我喝下，我蜷缩在凳子上，口水渐渐沥沥的拉了好长。八点钟我似乎好了许多，口水也不流了，软绵绵站起来回宿舍睡觉。中午等睡醒后出门，看到值班室门口大家在聊天，话题的焦点都是冒虚汗、吐口水，这时我才知道是野蘑菇中毒，全站凡是吃了的，都中毒了，而我是最严重的一个，皆是盘子里的那点蘑菇汤的缘故。小夜班的观测员（苏炯）去观测地温时，根本看不清地温表上面的刻度。

牛和人：当两位女同志（卓玛措、李玉花）来告诉我的宿舍有异样时，我还不知道即将发生什么事。夏天宿舍的门是敞开的，一间十一二平方米的单身宿舍，两张办公桌，一个炉子，一张床就是全部家当。宿舍里看不出有任何的异样，炉子上的茶壶咕嘟咕嘟的冒着热气，推开放杂物的后套间的门时，一个庞然大物尽在眼前，定睛一看是一头牦牛，一头几百斤的大牦牛。这家伙不知道怎么窜到我的宿舍里，绕过横着的烟囱跑到后套间，悠然地享受着我放在地上的一捆大葱，还撒了一泡尿，真是舒服至极。

我怎么办？我能怎么办？我的想法是如此的单纯，我把它赶出来，它原路返回，就这么简单。没想到，它毕竟是动物啊，它看到有人来驱赶它，就猛地向屋外冲去，不管横着的烟囱，一下子就将炉子整个掀翻在地，那一壶开水一大半就浇在了炉膛里面，顿时满屋子的灰尘夹杂着蒸汽布满了房间，那味道简直叫一个"酸爽"！然而这不是重点，重点是一部分热水溅在了牦牛的身上，它一受到刺激更加猛地向外冲去，宽大的肩胛骨撞在了外屋门上，它努力地向前顶着，门半掩着夹住了它，它挣扎着来回晃动，往回一退门一下子就关上了！门关上了，它惊了，我傻了！几百斤的牦牛在一个十一二平的房间里发疯似的转圈跑，我自己都不知道是怎么跳上墙角的床上，一只脚独立，另外一只脚和手紧紧的贴在墙上，恨不得将身体嵌入墙里面去，拼了命的大喊着救命，那凄惨的叫声布满了整个大院，定格的动作就像《猫和老鼠》里面汤姆猫穿墙而过的样子。一个惊了的满屋子跑的牦牛，一屋子的灰尘蒸汽，还有一个贴在墙上的我，那画面简直了。

终于，外屋的门被同事（苏炯）用木头棍子推开了，发了疯的牦牛一下子冲到院子里不见了踪影。愣了一会，我一下子瘫倒在床上，脑子里一片空白。事后想一想，牛惊了太可怕，人急了潜能无限，至今我都不知道我是怎么一下子跳到床上的，要在平时跳的话简直是不可能的。

第九章 小站往事

个人简历：

张强　男，青海西宁人。1987年9月—1992年7月在中心站气象站任报务员，1992年7月—1995年7月于湖北气象学校进修，后调果洛州气象局工作，现为果洛州气象局科技服务中心副主任、玛沁县气象局副局长。

小站的记忆

刘中策

1988年7月，我从青海省气象学校毕业，被分配到青海省果洛州达日县气象站从事地面气象测报工作，同窗好友周成分配到中心站气象站工作。经过两个多月的跟班、字码练习、考试考核等严格规程，我于10月1日白天开始了独立值班，激动的心情伴随着雨夹雪天气，使我手忙脚乱，还好在带班师傅和老同志的协助下，经反复校核，完成白班的各项工作后顺利交接班。经过一夜的漫长等待，第二天一大早直奔值班室，翻开值班日志，发现没有错情，才长长松了一口气，接下来就是下一个班的等待，这也是每个第一次当地面班测报员的心情。闲暇无事时去气象站后面的黄河边钓钓鱼或几个人凑在一起喝点酒、聊聊天，转眼就打发走了半个月的时光。一日聊天时得知，单位的取暖用煤，需要自己单位雇车从花石峡红土坡煤矿拉运，于是产生了去中心站气象站看看同学的想法，一夜辗转反侧，未能睡好……

第二天一早将请假的想法告诉组长铁顺富，他表示同意，但还需要向站长唐文云请假。我怀着忐忑不安的心情找到了站长，说明来意后，站长准了假并告之安排好工作后可以去。因为这个季节拉煤的车很多，需要排队，拉一趟煤最少需要3天的时间，唐文云站长雇好了东风卡车，并安排他的内弟将我拉到中心站，回来时再带我回来。掐指一算明天晚上是我的小夜班，本想可以返回，却需要3天的时间，怎么办？找人帮我带个班。在得到地面组长的同意后，我去找带班师傅李良全带班，师傅爽快地答应了。交代完相关事宜,在师傅家匆匆吃了点早饭后,我坐上了去拉煤的卡车,这也便开始了我对小站——中心站气象站的"认识"。

初识小站

花吉公路虽然是砂石路面,因为养护得好,道路非常平整,号称果洛境内的"柏油路",卡车在公路上奔驰着,不时地停下带上沿途办事的藏族老乡,80来千米的路走走停停,接近下午1点终于在中心站气象站大门口停下,与司机约好回来时在大门口打"喇叭"叫我。我下车后司机一脚油门扬尘而去。

中心站气象站的围墙和大门墩是石头砌的,大门是角铁钢筋焊的,从小门进去,映入眼帘的是熟悉的观测场,后面是一排铁皮屋顶的石头房,北面有几排红砖房,其中一排很长很新的红砖房就是刚完工的工作用房和住房,整个院子显得有些不协调。

敲开地面值班室的门,里面人很多,有人在问:"找谁?""找周成。"一个熟悉的身影向我走来,一看是正是他,我急忙上前握手拥抱,定眼一看还有很多熟悉的脸,原来是87级的校友苏炯、贺海成、严发秀……

一阵嘘寒问暖后,得知我还没有吃午饭,周成把我领进他的宿舍,新盖起的红砖房中单间宿舍显得格外明亮和宽敞,带有用于储物的后套间,床、炉子、写字台等部分家具是站上配发和淘汰的物品。参观完宿舍后,多少有点羡慕,达日由于住房紧张,我们三个男生(我和李元和、俞国峰)刚刚才从挤住的两间(外屋储物,里屋住人)土木结构平房中搬出,搬到又黑又破的土木结构单间平房后,总算摆脱了大小夜班和地面、探空班互相影响的困地。

参观时周成已将煤火炉捅开,随后着手和面,还有兰州气象学校同届毕业的田常有过来帮忙,大部分时间两人一起搭伙做饭,忙时就在单位食堂解决。三个人忙里忙外,一会儿热腾腾的"尕面片"就端了上来,看着碗里的西红柿、小油菜、洋芋丁、牛肉丁等,心想这里的伙食还不错,不经意间已两碗面片下肚,他俩中午已在食堂吃了,出于礼貌也就陪我一起吃了点。吃完饭他俩让我在宿舍里休息一下,下午业务学习完后带我去吃羊

第九章 小站往事

肉手抓,心想这里还有饭馆可下……

躺在床上,煤火很旺,房子里暖暖的,加之头夜没睡好,我很快就进入了梦乡,不知过了多久,听见好像有人在说话,醒来一看是他俩在小声说着什么,看了一眼手表,已过了下午六点,问他们为什么不叫醒我,他们说看我睡得那么香,想让我再多睡一会儿。

起来后,我们三人走出气象站大门,沿公路向南经过乡政府、邮电所,继续向南,一路未见有什么饭馆,倒是街道两边还挺热闹,不时有藏族老乡赶着牛羊经过,公路旁有几辆卡车、农用车在出售蔬菜和苹果等水果。一问才知道,时至屠宰季节,牛羊是上缴任务和出售的。上缴的牛羊,其中一部分乡政府会以很便宜的价格供应乡上的工作人员,包括气象站的职工,每人两只羊或两人一头牛,这是"祖辈"留下的传统,只是现在还没有轮到气象站。其余牛羊出售后,老乡从民贸公司、粮站等处买回过冬的必需品和口粮,也就一个来月的时间。出售蔬菜的车辆,是向达日、班玛和甘德贩菜的,路过中心站时顺便兜售点,整个夏季都有兜售,入冬后就很少了。如遇大雪封山,就只能以州局拉运的大头菜、土豆、白菜、萝卜、粉条等冬储菜为主,这也是听老同志讲的,他们还没有经历过。

说话间到了粮站大院一户人家,经介绍主人是乡粮站的职工,也是周成的老乡。主人非常热情,端上了刚出锅的手抓羊肉以及凉拌黄瓜、萝卜丝等凉菜,并拿出好酒款待我们,原来这就是吃手抓羊肉的"饭馆"。喝酒、闲聊间得知,凡是中心站的职工,凭粮本都能买到最好的粮油,他俩滔滔不绝地说着,每一次买的米都很好吃,显得非常自豪,我又一次投去了羡慕的眼光,我们拿着粮本,排很久的队,看人脸色,买回去的面粘牙、米里尽是沙子……

我们一边吃一边猜拳喝酒,因为没电,已点上了许多蜡烛,又来几个粮站职工,大家相互认识、相互敬酒、相互猜拳,非常热闹,有"烛光晚会"的感觉,不知不觉中就喝醉了,怎么回去的就记不清了……

一觉醒来已是日上三竿,我一个人睡在周成的床上,房子很暖和,感觉口干舌燥,端起桌上温茶水一口气喝了下去,周成在哪里睡的就不得而知了。洗漱时周成推开门,看我已起床,转身又走了,不一会与田常有一起端来了稀饭、小菜和烙饼等,说是卓玛措和李玉花做的早餐。吃饭间得知,酒醉的我被他俩扶回来就睡在了周成的床上,封好煤火后,田常有回宿舍睡了,周成则去探亲的同事家休息,因为没有生炉子,房间有些冷,很早就起来到值班室陪"大夜班"了,期间回来看了我,并为我生了炉子、泡了茶……

早饭后,他俩说要带我逛商店,于是三人一起去了。商店是一整排青砖结构的平房,感觉已有些年头,商店里四周都是玻璃货柜和木质货架,日用百货、烟酒、副食品还算丰富。他俩告诉我,在这里售货员都是"哥们",有钱就可以买上"最好"的东西,有时晚上他们也来敲开"哥们"的门买东西。将信将疑的我,看了看玻璃货柜里的烟,有红塔山、阿诗玛等,于是叫售货员一样拿了几包,看到货架上有"特大号"的水果罐头,要了两个,这些东西我们只有在逢年过节时凭票才能买到。无意间看到还有红灯笼椒、平菇等蔬菜罐头,正在纳闷,他们告诉我,这里有许多品种的蔬菜罐头,听站上的老同志讲,冬季如遇大雪封山,这也是最好的"蔬菜"。在我"参观"时他们已结了账,推推搡搡中恭敬不如从命,本想再买些"紧俏"商品,这下就不好意思买了……

回到站上,接近午饭时分,放下东西,他们邀请我到食堂吃饭,走进食堂,站上的同志非常热情,相互介绍认识了张茂、吕辉、李玉花及油机员兼炊事员的袁得鹏等人,袁得鹏非常麻利地炒着菜,很快几个热腾腾的菜就端上了桌,有西红柿炒蛋、炒土豆丝、粉条炒肉等,味道不错。大家围坐在半边乒乓球桌前,有说有笑地吃着聊着,有一种"家"感觉……

饭后闲聊中得知,早上大家基本都在睡觉,只有中、晚两顿饭,起床晚了或袁得鹏探亲时,勤快一点的人搭伙做饭,懒点的人还要自己解决;工作还算轻松,每天进行02、08、14、20时4次观测,编发05、14、17、20时4次天气报,三班倒,报务员靠蓄电瓶或手摇发电机发报,晚上单位自己发电至23点左右,主要给蓄电瓶充电和工作生活照明,这一点乡上的其他单位十分羡慕,他们晚上经常会来站上"蹭电",于是就成了哥儿们。人员多时,上一个班,休息几天,业务学习抓得比较紧,常常还要进行集体观摩观测……

感慨他们"生在福中不知福"。我们的食堂由于炊事员难雇,时开时停,基本上是自己动手或搭伙做饭,于是我学会了蒸馒馍、揪面片、炒菜等生活技能;工作我们也是三班倒,但观测项目多,每天 8 次观测、发报;虽然在达日县城,水电很不正常,说停就停,10 月份后基本上是靠自己发电维持业务工作,加上探空业务,发报量大,不时地还要帮助报务员手摇发电机发报,每周也要进行 2 次业务学习和集体观摩观测,人员不少,但工作压力明显比他们大许多……

"集体观测了!"有人在喊,观测员们纷纷向值班室走去,14 时观测和发报时间到了,估算着拉煤的车也快到了,我走进周成的宿舍,收拾好自己的东西,等待着汽车的"喇叭"声。不一会叫我的"喇叭"响了,我拿上东西走出宿舍,周成从观测场过来送我,走出大门,握手拥抱、道声保重后,我踏上返回达日之路。途中在想,虽然我在达日县城工作生活,除了人多点外,有些方面还不如他,也为他感到一点欣慰。得知司机排了一晚上队,装煤后就往回赶,并很守约定来拉我,于是拿出一包"红塔山"与司机共享,方才想起,来时没有给周成从达日县带一点东西,回去时却带了烟和罐头,多少有点过意不去……

又识小站

1989 年 7 月,我调至果洛州气象台地面观测组继续从事气象观测工作。1990 年 10 月,州局将我调到业务科担任全州的地面业务管理工作,成为当时全省最年轻的业务管理人员。为提高业务素质,要求我每年必须到业务一线工作不少于 3 个月,这一要求对我以后的成长起了至关重要的作用。业务管理工作给我带来动力的同时,也带来了很大的压力,我毫无怨言地欣然接受,在干好本职工作的同时,闲暇之余就去地面组上业务班,期间解决了 PC-1500 计算机更换程序、短波单边带数传电台安装和使用、PC-1500 计算机换型过程中的许多业务问题和技术难题,经历了一个被人瞧不起,到被人信任,再到被人信服的业务管理转变。

刚到业务科工作时,正值为甘德、达日、中心站气象站拉冬季燃料,州局派我跟车,一方面了解台站业务情况,另一方面为消除台站对燃料吨位数的猜疑。州局派我押运甘德、达日站单位用煤以及中心站单位、职工（两人一车）用煤。州局赵成福和范文贵两位师傅头天负责从大武的野马滩煤矿排队装煤，第二天我就坐上他们其中一位的车向三个站送煤。赵成福开的是"东风"牌卡车，甘德、达日站基本上一天一个来回，范文贵开的是老"解放"牌卡车，动力不足，加之装有5吨煤，上青珍山和甘德山时还没有手扶拖拉机快，中心站基本上两天一趟，需要在中心站住一晚上。

8月，随着西宁—贵德—大武公路路况的好转，大武的蔬菜和副食供应等也日益丰富，中心站却渐渐成了一个交通的死角，解决吃菜问题就成为中心站职工的一道难题，每次送煤都要为职工食堂带点蔬菜和副食等，但也只能解决他们的一时之难，待煤送完后，就只有靠他们自己想办法了。

一日送煤卸车时，周成告之乡上给他分的羊到了，今天请我们吃手抓，于是我叫上范文贵师傅，三人一起去宰羊。走进温室，四只羊散放在里面，周成告诉我们有两只羊是别人的，让我们挑一只羊屠宰。范文贵比较有经验，摸了摸每只羊的背和屁股，挑了一只"羯羊"，三人把羊放倒，周成持刀宰了羊，接了羊血用来灌"血肠"，三人把羊吊到温室的钢梁上，开始剥皮取"下水"。这时李玉花过来帮忙，拿走羊血和下水去冲洗，要我们"卸"完羊后，过去给她帮忙灌"血肠"和"肉肠"。周成这时告诉我，另外两只羊是李玉花的，因为是乡上一起分的，让他帮忙一起屠宰，互相帮帮忙而已，我在想不会他们已经对上眼了吧……

由兰州气象学校毕业的同届生李玉花，是一个非常勤劳、勤奋的女孩，后来在久治县气象站连续16个月气表—1预审无错，为此被青海省气象局授予该站第一个"气象测报质量优秀测报员"称号。

不经意间羊肉已经下锅，范文贵和李玉花也灌好了"血肠"和"肉肠"。等待之时，李玉花端上了自己做的"酿皮"让我们先垫垫肚子，在州上吃上"酿皮"都是奢侈，何况在中心站吃"酿皮"，简直就是"神仙"过的日子。闲聊中得知，给他们带去的蔬菜，要细水长流，要先吃不耐放的，再吃耐放的，因为条件艰苦，勤快一点的人会变着花样做点"好吃的"犒劳自己，今天"酿皮"中的韭菜就是我带的不耐放蔬菜。自从公路改道后，路过中心站的车辆很少,夏季要搭伙到达日县城一次性多买一些耐放的蔬菜维持,冬季只能靠州局每年拉运的大头菜、土豆、白菜、萝卜、粉条等冬菜度日,储藏不好的话,只能吃冰冻的了;乡上民贸公司商店的供应也日渐不好,蔬菜罐头也已消失,最高兴的就是州局为他们拉煤和拉冬菜的时候,可以吃上点"新鲜"的细菜;至于娱乐活动就根本没有,油机发完电后,只能靠蜡烛照明,几个人围坐在炉火旁"吹吹牛"、喝点酒、翻翻杂志,几本杂志已被翻得破烂不堪;在这里有个头疼脑热的,就去卫生院开点药,严重一点就要马上去达日县城或州上诊治,否则小病拖成大病,报务员刘光洪就是个例子……

听了这些,心里多少不是滋味,一碗"酿皮"也没有吃出味道,于是暗下决心,无论多么艰难,也要想办法为中心站的职工多带些蔬菜,这是我唯一能办到的事情,并将情况反映给州局。以后的日子里,我们每次去中心站,都会从州上或路过达日、玛多县城时,为他们购买"新鲜"点的蔬菜带去。

说话间羊肉已出锅,迫不及待的我们开始手抓羊肉,周成不忘送一盆肉到值班室给站上其他人"尝尝",有福同享,有难同当,这是中心站气象站的"规矩"……

1991年,州局申请专项资金,为中心站气象站建于1988年的17间(5间工作用房,12间宿舍)红砖房加装1米来宽的玻璃走廊,提高了房子的冬季保暖效果。5月,短波单边带数传通信系统建成,实现"通测合一",撤销了报务组,报务人员陆续转岗、调离和深造,人员逐渐减少,中心站"人气"也没以前旺盛了。7月,州局利用政府匹配的3万元经费,购买两套卫星电视地面接收机,其中一套2米口径的接收机是专门为中心站气象站配备的,同时还挤出经费购置了电视机、卡拉OK音响等设备。为了架设卫星接收天线,加装玻璃走廊时在值班室门前修建了一个平台。9月,竣工验收时老局长刘长德请了州电视台的技术人员,我们一同安装卫星电视地面接收机、卡拉OK音响等设备。晚上在气象站会议室里举办了舞会,播放了卫星电视,乡上其他单位来了很多人,参加舞会的、观看电视的特别热闹,大家都投来了羡慕的眼光,副站长邓小聪的脸上很是自豪。当晚,为了让大家尽兴,油机"破例"工作到很晚才休息。

每年春节前,州局用"三开门"(北京吉普)车,从西宁为中心站气象站拉一趟蔬菜,与州局职工"待遇"同等,职工的工作和生活条件得到大大改善。气象站腾出两间旧房,办起了"招待所",主要用于接待省、州局工作组。州局也有个不成文的规定,每次下站只要时间允许,都会从州上、甘德、达日或玛多赶到中心站住宿,尽可能地增加"人气",同时带去蔬菜等。

当周成与李玉花结婚后,于1992年6月两口子调至久治县气象局工作,虽工作环境极大改善了,但中心站气象站是他们的初恋,那里有他们无尽的美好回忆……

1994年3—4月间,由于中心站围墙北面的优曲河冰雪融化,河水上涨,洪水携带着厕所的垃圾从围墙北面的小门涌入院内,将水井和17间红砖房后墙浸泡,水井报废吃水困难,17间红砖房的东北角由于地势低洼,加之红砖产自州府所在地砖瓦厂,硬度和耐寒度不够,导致三间房屋地基下沉出现裂缝,其他房屋后墙也有不同程度的下沉。州局立刻筹集资金寻找施工队,在观测场西面、油机房前面地势较高处重打一口水井,并用预制块砖修建了井房,这样一来每年就少打2~3次冰。三间房屋因缺少资金未能及时维修或拆除,逐渐成为危房不能居住,并波及整栋房屋,以至于撤站后移交乡政府不久就予以拆除。

果洛州各县基础设施落后,全州未通电,夏季各县主要靠自建小水电站或柴油机(玛多县)供电,时间只有3~4个月,且很不正常,经常停电。为保障气象基本业务和预报服务工作的正常开展,州气象台、达日和中心站气象站都配有柴油机发电设备,尤其是中心站,常年依靠柴油机供电来维持气象报告编发工作和职工生活用电。

随着气象技术装备管理和保障工作任务下放州级,1994年7月,州局将中心站气象站的油机员袁得鹏调至州局业务科,负责各站油机的维护、维修工作。我在业务科担任副科长,负责技术装备和地面业务管理,于是我俩就成为了维修油机的"搭档"。每年除了必要的油机保养维护工作外,就是为了不影响工作而抢修油机,我也从一次次抢修中变成油机"专家"。

第九章 小站往事

最难保障和抢修最多的是中心站气象站的油机，袁得鹏调离后，每天油机供电任务就由站上的男同志轮流承担，食堂也因炊事员难雇而停办，职工们开始"搭伙"做饭或蹭饭，大多数时间都是女同志做饭。随着新老人员的更替，新同志对油机性能不甚了解，又没有经过培训，责任心不强，老同志讲解操作规程后，就承担发电工作，"红烧"和"冰冻"每年冬季都会发生 2~3 次，为保证两台油机都处在良好状态，我俩就冒着严寒，争分夺秒地赶在另一台油机出现故障、短波单边带电台的蓄电瓶电量用完之前修好。现在想来记忆犹新的就有两次：

1995 年元旦前，全州普降中雪，元旦后天气逐渐开始放晴，气温骤降，4 日清晨起床时感觉非常冷，于是赶往州台地面组查看气温，得知最低温度已接近-30.0℃，于是通过短波单边带电台与玛多、中心站、甘德 3 站取得联系，询问并告之 08 时气温低于-36.0℃记录的处理方法时，得知中心站、甘德的最低气温已在-36.0℃以下，中心站气象站是副站长郑英贤当班，她略带哭腔地告诉我：今天早上太冷了，手刚接触到观测场门就被"粘住"了，捂了好一会才下来，观测完回来后手脚已失去知觉，这是她一生感觉最冷的一个早晨。我只能在电台里安慰一下她，希望站上的职工们保重，并告之因为雪大，加之天寒地冻，一定要注重油机的检查和维护，保证油机的正常运行，确保工作和生活用电……

然而事与愿违，两天后州局通知我和袁得鹏，中心站的一台油机故障，另一台油机冒"黑烟"，只能勉强维持给蓄电瓶充电，急需抢修。于是我与袁得鹏一起准备零配件和工具，司机尕才负责备足干粮和购买给站上带的蔬菜等生活必需品。由于积雪较深，塔巴扎西局长要求派出当时州局最好的"尼桑"越野车前去抢修。第二天为了早点到达，三人商量后决定走大武—东倾沟—昌马河—中心站这条夏季都难走的路，途中还要翻越近 4700 米的尼卓玛山，一路白雪皑皑，冰坎不断，时而下车辨认公路，时而推车挖雪，150 多千米的路，经过 5 个小时的"折腾"终于抵达站上。

郑英贤家里为我们准备好了饭菜，匆匆吃完饭后，我和袁得鹏就直奔油机房，先是检查和维修冒"黑烟"的油机，打开缸盖后发现问题不是很严重。在站上同志们的协助下，通过更换活塞环、清理积碳、磨气门、调气门、换冬季机油等一系列措施，油机启动，恢复正常。在怠速磨合的同时，我们又对另一台油机进行了检查，打开缸盖发现是直接"红烧"。询问后得知，值班人员发完电后，关机、打开水箱放水开关就回值班室了，因为太冷，油机水箱开关的水在没有完全放完时就冻住了，第二天的值班员不了解情况，发着油机、加水后就回去了，随着水温的升高，水箱开关解冻，水箱的水外流直至"红烧"。简单的检查后发现问题很严重，需要更换的零件很多，曲轴也有损伤，需要大修，于是决定当日放弃维修，先调试好修好的油机，第二天再进行大修。如果要问当时为什么油机不加防冻液，一是经费不足，买不起防冻液，二是气温太低，冬季每天启动前需要开水来加温等原因吧。

回到值班室，我的手脚已冻得失去知觉，烤火的同时，已是夕阳西下，郑英贤家里下好尕面片、摆上酒菜，犒劳我们这些"功臣"，烛光下吃着面片等待着磨合后的送电，期间袁得鹏和我几次前往油机房查看机油状况，想赶在 20 时发报前将电送出，保证气象电报的正常发出。发报前为油机少加负载给值班室送电，之后又进行一段时间的磨合，为生活区送电。油机运行正常，大家在家里举杯庆贺，有人在说：这几天为了保证业务用电，一直吃的是烛光晚饭，电视也看不成，日子真难熬，你们把油机修好了，过年我们有电可以看春晚了。

又冷又累，加之喝了点酒，我就早早睡了，油机由袁得鹏检查直至停电。站上的同志们将自己的房子和床让给我们，房间炉子烧得很温暖，他们却默默地离开了……

第二天我很早醒了，与其说醒来，不如说是被冻醒，气温在 −30 ℃ 上下，睡觉时还有电褥子和炉火，后半夜整个房子温度开始下降，到了早上已成为冰库，呼出的气在被头上结成一层厚厚的霜，被窝里到处冰凉，头和耳朵也冰凉，呼出的气可以看见"白烟"，于是以最快的速度起床，跑到值班室烤火、洗漱。

早饭后，启动修好的油机继续磨合，开始大修另一台油机。因为太冷，戴着手套握着扳手，不一会就透心地冰冷，手脚失去知觉，螺丝拧不动，一会儿就要跑回值班室烤火，烤火时站上的同志也陆续起床，向值班室汇集,有人提出先用喷灯将油机烤热,卸下要更换和修理的零件,再在油机房门外加一堆火,在院子里修理。主意不错,说干就干,我和袁得鹏拿上喷灯去烤油机,先将油机上的塑料管件一一拆除,将油机烤热,这时站上的同志在郑英贤家吃过早饭赶来帮忙,拧螺丝、卸零件。有人将院子里一块空地上的积雪清扫干净,中间放上牛粪,牛粪上将煤砖垒成塔状,将废机油倒在煤砖上,用喷灯点燃牛粪,牛粪燃烧后引燃掺有废机油的煤砖,火借风势,不一会儿就着得很旺。虽然阳光明媚,风却很大,前胸烤热了,后背却冰凉,后背烤热了,前胸不一会儿就冰凉,需要围着修理配件的桌子不停地走动,不停地去烤烤手脚,以缓解寒冷带来的麻痛。损伤曲轴的研磨只能在油机房内进行,磨一会烤烤火,效率十分低下。直至下午,所有准备工作就绪后开始组装,待完成大修已是傍晚。启动油机、怠速磨合稳定后,才去郑英贤家里吃饭。站上的同志都在等我们,中午大家只吃点干馍、喝点水,看到饭菜才觉得肚子有点饿了……

早上起床,袁得鹏已发着油机进行磨合,吃过早饭开始逐渐加负载磨合,时至中午油机一切正常。他讲解完油机维护保养注意事宜后,我们收拾好工具准备返程,大家都出来送我们。有人在询问这次事故如何处理,按州局当时的气象技术装备管理规定,这种现象的发生是要对台站负责人及当事人给予一定的处罚。看到他们在如此的环境中工作生活,天寒地冻地把自己的床让出来安排我们休息,自己却在值班室等到天亮或相互挤着入睡,每次都在职工家里吃饭,从未交过伙食费,只是带去一点蔬菜冲抵,心想处罚又于心何忍,回去找个理由搪塞一下,于是一一道别便踏上由中心站—上贡麻—甘德—大武的返程之路,路上依然是白雪皑皑,冰坎不断,感觉手脚一些部位开始发痒,手脚生了冻疮,回去后很久才养好。

州局已在做着撤站的各项报告、汇报等准备工作,我有不同看法,因为州局经费紧张已拖欠职工很多费用,如果撤站,减少一个站经费的同时,下来的十几个人也无形地增加经费压力。能否从其他途径解决中心站的问题,比如配备车辆和司助、炊事人员,以及全州轮换值班的办法等。

1995年10月中旬,山巍、尕才和我下站检查工作返程住宿达日县城,晚上中心站气象站通过短波单边带电台告之,一台油机不知什么原因送不出电来,需要维修。我将此事向山嵬汇报后,商议第二天从达日去中心站维修油机,防止另一台油机再出现故障会影响工作,必须确保两台油机的正常运行,何况达日到中心站只有80来千米,路况较好,比较方便。

第二天,购买了些蔬菜和站上职工的所需品,三人便向中心站进发。575号(车牌号)"金旋风"(北京吉普212)驶出达日县城后不久,天就开始下雪。尕才由于连日劳累,在达日站时胆囊炎就已发作,路上脸色很难看,行至达日与甘德岔路口后,已是力不从心。我们知道这样的天气如果等待,说不定会错过到达中心站的良机,大雪封路后需要等待更长时间,让尕才停车吃药后在副驾驶位置上休息,"金旋风"改由山嵬(已取得驾驶证多年)驾驶。

雪越下越大,天越来越冷,能见度越来越差,山嵬小心驾驶着,"金旋风"以40迈左右的速度行驶。尕才依偎在副驾驶位置上"休息",我坐在后排中间位置,俯身在前排两座椅之间帮山嵬看着路。开着暖气,听着录音机,三人分析着中心站气象站油机故障的原因。车行驶至党项—党洛之间时,突然有一辆浅蓝色的"城市猎人"(北京吉普212)从左后方超车,待看见时已与我们车并行,超车后随即并入主路,将我们的车"别"了一下后扬长而去。为了避免碰撞,山嵬急忙向右打方向,车的两个右轮滑出路基,感觉到两个左轮已悬空,于是又急忙向左打方向,两个左轮落地后车头方向与公路已成直角,并直接冲出左边路基。我本能地抓住"金旋风"车内顶棚的粗保险杠,剧烈地颠簸使眼镜飞了,我闭上眼心想这下"完了"。

待车稳定后,睁开眼透过车窗看到的是白茫茫的一片,分不清"天地",但能确定车是"站着"的,看看他俩也在"迷茫"。我找见眼镜带上,三人互相问候了一下,急忙下车查看是什么"情况"。车冲出路基后,径直扎入修公路取土留下的方形土槽里,受土槽中土堆的阻挡车才停下,两前轮深深地陷入土堆。三人围着"金旋风"上下前后左右检查车辆,外表无大碍,尕才上车"打火"发动。经过一番折腾,车辆启动,检查机油、发动机、水箱、刹车油、底盘钢板等完好。挂上前后"加力",山嵬和我刨雪、推搡,

第九章 小站往事

此时才发现积雪已经3~4厘米深,雪还在不停地下,三人费了九牛二虎之力,才将车"搬到"公路上。尕才说由他来驾驶,追上那辆"城市猎人"讨个"说法",我们问他身体能否允许,他说已经"吓"好了。车辆又继续在公路上行驶,我们知道"车祸"已经耽误了一个多小时,追上那辆"城市猎人"是不可能的,但责任心和责任感驱使尕才必须忍着病痛保证我们的安全。雪还在下,一片白茫茫的,大家还都沉静在"车祸"的惊慌中,一路无语,车很快到达中心站气象站。副站长洪卓华和其他职工早已做好饭菜在等着我们,匆匆吃完饭后就直奔油机房。启动故障油机动力正常,推闸送电无电,万用表检查发动机无电压输出,关闭油机检查发动机电路正常,初步判断是因为发动机"消磁"所致。再次启动油机,重复开关闸,一般情况下,如此反复故障即可排除,但还是无输出。启动另一台油机送电正常,关闭另一台油机后,继续操作,想用负载中"余电"给发动机"充磁"来排除故障,但一切都是徒劳。于是决定用蓄电瓶给发动机"充磁",如果失败说明发动机损坏,需更换发动机头,"工程"就大了,如果有电说明发动机正常,需要"充磁"排除故障……

将蓄电瓶正负极连线至发动机磁圈上"点触"几次后,启动油机推闸送电后有电流输出,不久灯泡慢慢变暗又无电,油机启动的情况下又点触"充磁",灯泡逐渐变亮直至正常。待油机送电稳定后半个来小时,关闭油机,用螺丝刀和扳手将所有的螺丝、触点等全部紧了一遍,启动油机推闸送电一切正常,故障排除大家都很欣慰。于是将两种"充磁"方法教给了站上的男职工,以备不时之需,忙忙碌碌中已忘却了"车祸"……

晚饭后,油机发电正常,洪卓华拿出酒来招待我们,大家你推我搡地敬酒、猜拳,为了不给站上职工带去压力,三人心照不宣地未提"车祸"之事。欢乐中喝了不少酒,也忘却了"车祸"之事,有些醉意回到站上给我们准备的"单间"休息,躺在床上回想起"车祸"的场景有些后怕,辗转一夜久久不能入眠。

第二天很早起来,拿上洗漱工具到值班室,山巅和尕才已经洗漱完毕,询问得知他俩也为昨天的"车祸"彻夜未眠。心想生死之交,无论多难多苦一定要做一辈子的好兄弟。

再识小站

1996年春节期间,为缓解州台地面组人员紧张状况,使大家过一个宽松愉快的节日,我和台长王海也加入了地面组值班行列。值班之余统计上年度各项基本气象业务质量,编发全州基本气象业务质量通报等。

3月初,中心站报来紧急情况:李雨瑛同志生病、油机燃油紧缺。当时留守值班的局领导山巍告诉我,州局决定派我去支援工作,并负责运送燃油、备份仪(机)器和急需生活用品。他为落实工作、慰问中心站气象站坚守的职工、顺便接生病的李雨瑛去西宁就医,也一同前往。

3月的牧区,气温仍然是那样低,妻子何萍帮我收拾行囊,并将家中仅剩的一点蔬菜和副食装箱让我带上,我问她都给我带走了你怎么办?她说州上这么大,各方面的条件要比中心站强,总有解决的办法,实在不成也有"蹭饭"的地方,这点东西你们吃完了,想买都无处可买,想"蹭饭"都没地方。我默默地收拾行囊,心存感激之情!

8日,山巍和我乘坐州局退休司机田卫民开着的新东风"康明斯"卡车,携带两吨柴油、仪(机)器和蔬菜等生活用品,绕道中心站,将我和货物卸下后,接上李雨瑛去西宁看病。

卡车行至甘德山就有了积雪,上贡麻到中心站一带的积雪更深,路上几乎见不到车辆,下午4时左右我们到达中心站气象站,协助站上的职工卸完车后,山巍将蔬菜及慰问品交给站上负责人王新,并代表州局向他们表示慰问。王新已在他的宿舍支好了我的单人床,铺上行李即可。年前省局慰问时送了一车大通的大煤,燃料不成问题,与他同屋也有个照应,不需另起炉灶,也节省"燃煤"。山巍查看我的"住宿"后表示满意,这时李雨瑛提着她自己烙的三个大"焜锅"来到我们宿舍,说中心站艰苦,两个留给我们吃,一个他们带着去西宁的路上吃。我说穷家富路,还是路上多带点为好。你推我搡中最终他们带两个,给我们留一个。可以看出由于生病多日,有人来替她值班,她可以去西宁治病,显得十分高兴。

田卫民已经做好出发准备,因多日未见车辆,"康明斯"的车厢上已爬上了7个藏族老乡,他们急迫地想搭车带一名小孩去西宁看病。这时,天公不作美下起了雪,且一路走来未见大车,我建议他们原路返回,由大武去西宁。田卫民说他这是新车力量好,何况还拉了7个藏族老乡,揉都能揉过去。目送他们远去,王新、程海林和康永军帮我回宿舍拾掇"住宿",一个普通观测员的生活就这样开始了。

当了解了值班情况后,我提议白班和小夜班由一个人连续值班。因为除大夜班的人员外,其他人员在晚上12点之前几乎不会休息,这样值班人员既可以多休息一天,也可以缓解人员紧张带来的工作压力,也就是将4个人当成5个人用。这一提议得到了大家的支持,于是王新说从他开始一并把小夜班值了。我熟悉了一下工作流程后,9日就开始值白天班和小夜班,值班期间大家一起对两台油机进行了检查和维护。我知道油机是工作和生活的重要保障,如果出了问题一时半会儿很难修复,必须精心维护和保养好油机,于是就自告奋勇地承担每天的发电工作。至于吃饭我建议一天两顿饭,大家搭伙做饭,做饭时除大夜班的人员外,大家齐心协力、分工明确地共同完成,我负责做饭和炒菜,其他工作他们三人分工完成,大家表示同意和赞成。

11日,我值完大夜班后醒来,他们已做好米饭、切好菜,就等我这个大厨起来炒菜吃饭。

饭后外面阳光明媚,风也不大,我决定出去"逛逛街",到民贸公司的商店和仅有的一个四川人开的小商店里买点东西,目的是看看有什么可以应急吃的东西。下午4点多,正在小商店闲逛时,信用社在气象站串门的南本气喘吁吁地跑来告诉我:刘科长,你们局长接你来了,刚到气象站院子里,你赶快回去。人员到位,有车就接我回州上,这是我与山嶷的约定,心想怎么这么快就来接我,于是问了一下是什么车,他告诉我:就是送你来的"康明斯"。我一想不对劲,掐指一算刚好是山嶷他们从这里走的第4天,如果路好走的话,西宁一个来回也需要整整4天。不对,肯定有什么事,我急忙赶回气象站。

跑进气象站院子,只见蓝色的"康明斯"停在值班室门口,院子里没有人,走进值班室大家都在。山嶷、田卫民和李雨瑛坐在炉子旁烤火、喝茶,我问山嶷怎么了?他说当"团长"了。我说怎么不报救急,我们去救你们,他说冰天雪地、渺无人烟怎么报救急,其实报救急也是一句安慰之语。看到他们满脸冻疮、疲惫的脸,我什么也没有说,以最快的速度回到宿舍开始为他们做饭。其他人也过来帮忙,并派人买来两瓶泸州二曲和几个仅有的水果罐头。我知道人长时间饥饿后,最好吃点易消化的食物,因为条件有限,只好压了一锅稠稀饭,炒了两个素菜和一个牛肉荤菜。吃饭间山巍他们讲了在玛积雪山上4天3夜的经历。

因为降雪,道路被封,快到山口时车轮陷入路面冰雪里被困。为了车辆掉头,他们渴了抓把雪,饿了啃口冻"焜锅"。晚上住在离汽车2千米的废弃的道班里,靠废弃的木材取暖坐到天亮。白天为了车辆尽早脱困,忍着冻伤了的手脚、脸、耳朵麻痛刨雪挖雪,经历了千辛万苦,无奈之下才返回来。

讲述中可以看见山巍眼里挂着泪花,男儿有泪不轻弹,不难想象他们吃了多少苦、受了多少罪。其实,当时山巍完全可以不用去,将重点工作安排一下,并要求司乘人员将病人送西宁就医即可,但是他为了对工作负责、为了职工的生活、为了生病的职工,冰天雪地中依然前往。这表现出来的是一种服务,一种奉献,一种爱,对我以后的人生道路影响很深。

由于4天3夜的"团长"生活,他们没喝几杯酒,便有些醉意,安排山巍睡到我的床上休息,田卫民在程海林宿舍休息。第二天早饭时李雨瑛说她的脚趾头冻了,我知道这已经是她第二次在天寒地冻的天气中待这么久了,第一次是在她新婚后的返岗途中,心中再次升起对她的敬佩之意。饭后山巍他们返回州上,我们的工作生活还要继续。

生活十分单调,每天除了值班、吃饭、睡觉外,就是"吹吹牛"、看看杂志,收集来的几本杂志已经翻了几遍。随着其他单位的人员陆续返岗,气象站由于晚上有电变得"热闹"起来,他们簇拥着站上的王新和程海林开始打麻将。

一日交完班后,由王新值大夜班。已近凌晨,有人还在程海林的宿舍里点着蜡烛打麻将。我回宿舍加完炉子休息,夜间风大,烟囱烧得通红,迷糊中想起来压压炉火,拿出手电筒看了看表,还差七八分钟就到5点。因为住在值班室的隔壁,居然听不到短波单边带电台的声音,再看看王新

第九章 小站往事

床上没人,一想不好,我赶紧披上大衣,拿上手电筒就往观测场跑,以最快的速度读取观测数据后往值班室走,途中进行了云、能、天的观测。走进无人的值班室,在我启动 PC-1500 计算机、打开短波单边带电台的同时,王新跑进了值班室,我告诉他外面的数据已观测,叫他去观测气压,这时程海林也进来帮忙。录入完数据程海林校对后打印输出,天气晴朗短波单边带电台信号很差。电台里很乱,大家都在呼叫"866",也听不见数传"点报"的声音,辗转几个频道,最后通过海西的一个站用电台将气象报告话传出去,待回复已话传"866"时已接近 25 分,属"逾限报"(后因信号不好很多台站都逾限,最后大家都没算"逾限报")。一切工作都完成后,看了看 PC-1500 计算机最后打印的时间,还差几秒钟就过 5 点 3 分,一次有惊无险的"迟测"。我问王新怎么回事?他说打麻将思想太集中忘记了观测时间。

第二天,午饭后开了个短会,通报了一下"迟测"的情况,要求王新和程海林不要参与打麻将,王新态度很好,主动承认了错误,表示不再打麻将,并立马上交了麻将牌。

如何给生活找点乐趣?天气好的时候大家去气象站院子后面的河上滑滑冰,在河滩上套套鸟;天气不好时就打扫一下值班室、资料室和库房的卫生,保养一下油机;晚上打"升级""掀牛"或者贴纸条,大家乐在其中。

22 日,洪卓华搭便车回站。23 日是世界气象日,我们用站上发电"创收"的一点经费和个人掏一点的形式,从商店购买了五套纪念品、烟酒和水果罐头等。晚上举办了一个小小的聚餐,洪卓华为大家颁发了纪念品"丫丫"牌羽绒马甲,并让大家明天早点起床一起"淘井"。来时井水还可以用大桶打上,后来就换成小桶打水,这几天只能用更小的桶打水,打满一桶水需要五六次,本打算这几天"淘井",但苦于没有工具。次日,洪卓华从乡政府借来了长钢钎、洋镐、粗麻绳等工具,我们用粗麻绳拴在洪卓华腰上,将他放到井下固定好,他用钢钎和洋镐把井里的冰一点点砸开,装入水桶里,我们把桶拉上来把冰倒掉,中间不时地要休息。最难淘的是在最后,因为冰全部被砸掉后,人需要悬着把大一点的冰块清理出来,否则再次结冰后影响打水。大家轮番下井,一点一点地将冰块清出来,功夫不负有心人,井水慢慢地变得清澈,打水也十分方便,大桶下去往上一提,就能提上满满一桶清澈的井水。

年前州局为中心站气象站拉的蔬菜,由于留守的年轻人经验不足,购买的蔬菜多,能储藏的蔬菜少,又无储藏经验,一个春节下来就所剩无几。来时只剩一点冻白菜、冻土豆、冻葱和粉条,屠宰的牛羊肉就放在资料室的台球案子上,吃多少削多少,所剩不多。我和山巍带去的蔬菜四个人吃,加上其他单位的人员"蹭饭",也只是杯水车薪。洪卓华、祝玉秀(袁得鹏的爱人,乡政府妇联干事)和马海兵(郑英贤的爱人,乡粮站的职工)他们返岗时带的少许蔬菜,也没维持几天。这里还有两件小插曲:

祝玉秀回站后,提了一小纸箱菜给我们宿舍一放,什么也没说就回自己宿舍了,我还以为是专门给我们带的,心里很感激。

洪卓华切菜我炒菜,待菜上桌时,洪卓华叫大家吃饭,祝玉秀端着一个碗进来,自己打开高压锅盖盛了米饭,拨了些炒菜,转身回自己宿舍了。正纳闷时洪卓华进来,看我一脸不解,他笑着对我说,这是气象站的"习惯"。我说怎么也应该打个招呼或是一个女同志过来帮帮忙吧,他说平时她或别人做饭,我们也是这样的,就像一家人一样不需要打招呼或帮忙,吃饱肚子是首要"任务"。

一日白班,检查"口粮",还剩下一些冻菜和我带来没舍得吃的一条鲤鱼和一包酸菜。便决定给大家改善一下伙食,做个酸菜鱼。鱼炖好后,盛了点米饭、捡了点鱼和酸菜,端着碗去巡视仪器。回来时一屋子人,除站上的职工外,还有外单位来串门的人,大家都端着碗津津有味地吃着,再看高压锅已见底,酸菜鱼连一点汤都不剩了。洪卓华笑着说:刘科长,你做的酸菜鱼好吃,整个中心站的人都吃上了。让我又一次见识到了"抢饭",这可是我们最后一顿"美食"。

月底,州局通知我4月中旬去省局学习,让我尽可能从中心站搭便车去西宁。我们天天注意来往的车辆,由于下了几场雪,看不见一辆车,中心站几乎成了与世隔绝的地方。剩下几根冻葱,牛羊肉剩下一堆堆放在台球案子上的骨头,粉条剩了一点渣子,带来的肉蓉牌方便面不知什么时候已吃完了,吃饭成了严峻问题。我和洪卓华到商店"淘"点吃的东西,由

第九章 小站往事

于道路难行商店几个月未进货,除了百货外副食烟酒柜台几乎是空的,询问半天只有几箱"雪山"牌二级奶粉,于是便抬了两箱奶粉回来。上午饭是在大瓷缸子中倒入大半缸奶粉,加入开水搅成糊状喝下。下午饭我把牛羊肉骨头砸开,用高压锅炖成骨头汤,加点葱花和酱油泡米饭或下挂面吃。由于着急学习事宜和吃饭难题,加之维生素摄取匮乏,我满嘴起了"水泡"。

一日与何萍电台通话时,告之了我们的困境,她说与刘家明(大武汽车站职工,租用汽车站加油站时,作为协议的条件之一,为州局加油站工作)商量一下,让他骑自己的"望江"摩托车给我们送点蔬菜和方便面,顺便接我回大武,再从大武去西宁。刘家明非常爽快的答应了,并于第二天一早骑着摩托车驮着东西出发。等下午4点州局电台统一联络时,甘德站告之由于甘德山上雪大路滑,多次尝试未能翻越,加之藏狗扑咬,刘家明返回甘德站上,将给我们带的东西留给了他们,也解决了他们的青黄不接之难,非常感谢刘家明!

虽然未能达到目的,但我对刘家明还是心存感激和愧疚之情。向州局求援,通过电台向州局负责人任志权汇报了我们的困境和我要去学习的情况。任志权告之州局现无车辆可派,需要从外单位借车,州局给解决来回的汽油,州局在协调的同时让我们也通过私人关系借车。何萍得知后,找到了给玛沁县副县长开车的田卫民内弟任新贵师傅,任新贵愿跑一趟,但需要副县长同意。何萍硬着头皮去找副县长,说明情况并表示加满来回的汽油后,副县长表示中心站气象站也是玛沁县的一个部门,州气象局的服务工作又做的那么及时、那么好,现在有困难派车是应该的,油也不需要加,费用由县政府承担。多好的领导啊,为州局节省了一笔开支,处于人情考虑,何萍还是自己掏钱给任新贵买了一条烟。

4月4日,是我返回州局的日子,也是中心站气象站职工脱离"吃饭难"的日子。上午大家吃了点奶粉糊糊,中午阳光很好,大家集中在王新宿舍门口的玻璃走廊前,盼望着"专车"的到来。

14点左右,一辆乳白色的北京吉普驶入了气象站,径直地停到了我们面前。车上除正副驾驶位的任新贵和何萍外装满了"货物",大家七手八脚的将"货物"卸满了王新宿舍的玻璃走廊。有方便面、蔬菜、烟酒、罐头、火腿肠和生活用品等等。

　　前天上午,洪卓华和王新通过电台给何萍报了所需"货物"清单,但她买东西的时候见机行事,来一趟不容易,能装多少装多少,于是就出现了上述情景。王新与何萍清点"货物"结账之时,他们帮我将行囊装上车等待出发,并留我们吃点新鲜"方便面"后再出发。任新贵考虑到路上雪大,天黑后不好走,加之考虑到"货物"的有限,便决定立即出发。原本坐5人的车挤了6人,其他人是祝玉秀、马海兵和信用社的南本。虽然后排很挤,但大家都明白在中心站充分利用"资源"的重要性,再难受也可以忍耐,回家的感觉真好。

　　一路上白雪茫茫,吉普车挂着前后加力在公路上摇摆着前行,20多天的中心站气象站支援工作经历了太多,他们常年在这里工作的艰苦程度不难想象,我决定回单位后一定协助州局做好撤站的各项报告和汇报等工作。

别了小站

　　1997年春节前,州局起草好有关中心站气象站撤站的报告后,铁顺富副局长下站检查工作时,征求所属6个气象站在岗职工的意见和签名,山巍征求了州局、州台在岗职工的意见和签名后,上报省气象局和中国气象局。

　　10月30日,山巍执笔以州局班子的名义给中国气象局颜宏副局长写了一封关于近年来州局遇到的问题、困难及撤销中心站气象站诉求的信。颜宏副局长亲自给州局全体职工写了热情洋溢的回信,大大激发了全体职工的工作热情和激情,同时也盼望着撤站文件的到来。

　　1997年12月24日,撤站的消息来了,青海省气象局下发《关于撤销中心站气象站的通知》(青气业发〔1997〕40号),根据中国气象局1997年12月4日中气业发〔1997〕42号批复,并经省局12月19日局长办公会研究决定,中心站气象站从1998年1月1日起撤销。

　　30日,山巍通知我第二天一起去中心站气象站撤站。31日,尕才驾驶着"金旋风"载着山巍和我直奔中心站气象站,午饭后安全检查和封存

第九章　小站往事

有关"家当"后,大家在准备元旦的"聚餐"和等待最后一次地面气象观测任务的到来。

19点40分,小夜班王新拿着记录本走向观测场开始观测,大家也陆续向值班室集中,协助做好气象数据的观测和校核,随着PC-1500计算机打印报文和熟悉的短波单边带数传点报声音的结束,完成了它最后一次发报任务;洪卓华取回日照纸,统计完数据放在盆中浸泡后,完成了它最后一次观测任务;自记记录由于周期性的原因,期满后取下自记纸后,也将结束使命。这一切来得那么漫长又那么快,瞬间就已结束,有人提议在值班日记最后一页写点什么,并签下坚持到最后的工作者和见证者的名字。于是写下了(大概内容):根据中国气象局的批复和青气业发〔1997〕40号文的要求,中心站气象站工作至12月31日20时止,1998年1月1日撤销。并签下了洪卓华、王新、康永军、王国平、李雨瑛(女)、刘中策和山巍的姓名。

检查停当、锁好值班室的门,大家回到洪卓华的宿舍开始了元旦的"聚餐",举杯庆贺的同时,大家更多的是关心和寻问今后的"去向"。我们来时州局还没有形成具体的决定,所以只能安慰他们先休假或探亲,等待州局的通知。商议留下洪卓华和李雨瑛完成自记记录纸的取回和仪(机)器设备收回、12月气表—1和气表—21的制作上报、院落及资产的看护。大家心情复杂,有喜悦、有忧伤,更多的是不舍,大家不知不觉喝了不少酒,每个人都期待着新的征程。

1998年元旦,早饭后,王新、康永军、王国平由中心站搭乘便车回西宁休假或探亲。尕才驾驶"金旋风"驶出中心站气象站大门时,我们带着许多依依不舍和留恋,心中默默地说:别了中心站气象站,有机会要回来看看。

1月19日,《中国气象报》在第二版头条以"敬礼,果洛气象工作者"为标题,选登了州局班子写给颜宏副局长的信,并加了"……收到这封信后,几位局领导都作了批示,经研究决定同意他们的要求,撤销果洛州局中心站气象站……"的编者的话。8月,我在安徽合肥参加中国气象局举办的全国第二批地面气象测报计算机换型学习时,通过观测司的领导得知,中心站气象站是天气预报一个非常重要的指标站,许多专家不同意撤站,我们写的信以及颜宏副局长在撤站问题是起了非常重要作用的。

3月,州局与玛沁县政府达成协议,县政府以5万元价格收购中心站气象站的院落、房屋及温室支架等,由乡政府作为养老院使用。站上职工的去向如下:郑英贤、洪卓华、李雨瑛和窦花调至果洛藏族自治州气象局和气象台工作,康永军和王国平调至玛多县气象站工作,王新调至妻子所在的海西州气象局茫崖气象站工作。

5月,州局派办公室主任安才让带队,由冯庆海师傅开着东风卡车搬回了观测仪(机)器装备、气象记录资料、办公设备和部分职工的家当,并与乡政府办理了移交手续。

此后每次下站路过中心站,都要顿足看看气象站,2000年左右,1988年修建的12间红砖房宿舍东面3间拆除,2005年左右,12间红砖房宿舍全部拆除……

10年的陪伴,初识小站觉得各方面的条件还算可以,又识小站感受到了艰苦,再识小站亲身体会了艰苦,别了小站,见证了最后一次观测。

撤站20年,每每想起都有太多回忆,啰里啰嗦写了这么多,其目的就是温故而知新,希望后来者不忘初心,牢记使命,努力工作,继续前进。气象工作者的初心就是准确及时地获取和积累有代表性的基础资料,提高天气预报、气候预测的水平和能力;使命就是坚持服务的理念,为社会公众、经济社会和国防安全提供及时优质的服务;努力工作就是随着工作和生活条件的改善、气象现代化的发展,要学习老一辈气象人爱岗敬业、无私奉献、一丝不苟、吃苦耐劳的工作态度,向身边的榜样、最美气象人学习,珍惜和应用好今天的一切;继续前进就是服务是气象工作的窗口和归宿,是立业之本和生命线,要主动把握经济社会发展对气象工作的新要求,为全面提升气象现代化水平、气象防灾减灾能力、应对气候变化支撑能力和生态文明建设保障能力而继续前进。

38年来,几代气象人坚守在如此艰苦恶劣的环境中,未中断和缺少过一次记录,积累了宝贵的气象资料。最后向曾经在中心站气象站工作和生活过的气象人致敬,他们是果洛气象事业中最可爱、最可敬的人。

第九章 小站往事

个人简历：

刘中策　男，汉族，中共党员，工程师，1967年12月出生。1988年7月青海省气象学校毕业分配至达日气象局工作，1989年7月调至果洛州气象台工作，1990年10月调至州局业务科工作，1993年9月任综合经营科副科长，1994年10月任业务科副科长，1999年12月任业务科科长，2005年6月任办公室主任，2006年5月任州局副调研员至今，2015年4月，借调青海省气象局第二轮《青海省志·气象志》编纂办公室，任副总纂。

冒生命危险赶赴单位上班

李雨瑛

1992年3月，我毕业于青海省气象学校，同年4月分配到青海省果洛州玛沁县中心站气象站工作，从事地面气象观测至1997年12月，后因中心站气象站撤除，调入果洛州气象台继续从事地面气象观测工作至今。

提起中心站气象站，昔日2天2夜雪灾中赶路时遇险的经历历历在目，幸好在果洛州气象局副局长李悟林同志和司机田卫民同志的帮助下得以脱险，否则我真的就献身于那片草原了。

1992年12月20日我向站领导告婚假，站领导也特别爽快地准了60天假期，临离开站时领导特别叮嘱我2月20日必须返岗。我好久没有回家，当天就起程了。

1993年春节完婚后，我于2月12日起程返岗，当天就买到13日去达日县的车票，说是玛沁西部发生雪灾要走新路。长期生长在海东的我没感受过雪灾，也无法理解雪灾是什么，管不了新路还是老路，我心中只有一个目的，就是"20日前必须赶到单位"。13日途径玛沁、甘德县城，14日下午到达达日县城，从15日开始我就坐在达日县黄河大桥上找车，因为我知道去中心站的车必须经过这里，我见车就堵，顺车必问，这样一连三四天都没有找到去中心站的车，我心中开始翻腾，就剩一天假期了，领导会不会停我的班、会不会开除我的公职,我不敢想象……为了领导信任,我要做一名守时守信的气象工作者,突然决定我要租车回单位。经过多方打听及朋友介绍,终于找到了一辆北京吉普,一番商谈后我带着行囊于 18 日下午踏上了艰难的返岗征途。

  此刻望着车窗外夕阳下的雪景,心情特别的平静,因为我能够按时返岗了。不知走了多长时间,天色渐渐暗了下来,已分不清路面和路基了,突然一阵颠簸,车子停靠在了什么东西上。在爱人的帮助下我从另一面车门下去,在下车的同时我尖叫了一声,我掉到"坑"里了,在车灯下我看着其他三人晃着身体,慢慢挪向车的另一边……后来才知道车驶出路基撞上了雪堆,我掉到了路基下面。经过一番周折终于把车从雪里弄了出来,幸好人员没有大碍,可司机说他不去了,车走不动了,要带我们一起回达日县。怎么办呢?心中又开始不安了,我知道我不能按时返岗了……在返回的途中看见前面有一辆车向我们驶来,会车后经询问得知我们要去中心站,同意带我们走,就这样我开始了 2 天 3 夜的雪灾行程。

  我们坐上了一辆为中心站民贸公司送柴油的货车,车上还有司机带的一位 15 岁左右的孩子,说是寒假来果洛玩的。因驾驶室空间小,司机要求我爱人坐到货箱上。就这样,按着前行的车辙印行走了五千米左右,货车抛锚了。经过短暂的休息,我爱人跟着司机去挖雪了,这时我才意识到我们还没有吃晚饭,离开达日县城时我把钱都付给租车司机了,用剩下的钱买了两个馒头;那晚风特别大,挖开的路面不一会儿又被雪填满了,因此挖开一段路面车子就要立刻通过,这样走走停停一夜,第二天清晨回过头一看,就前行了几百米。白天还行,车子在雪地上前行了 1000 多米。我偷偷问司机还有多少路程,得到的回答是:"大约有 15 千米。"天呐!照这样的速度接下来该怎么办呢?仅有的两个馒头全吃完了,在这白茫茫的原野里只有我们 4 个人,我们会不会冻死、饿死在这里呢?心中不由产生一种无助和恐惧,想想我们的行囊里面还有带给同事们的一斤多喜糖,接下来只能用这点糖来充饥了……

  我把糖分给了大家,我们饿了吃块糖、渴了吃口雪,一天的行程又结束了。夜幕下我头晕目眩,还有点胃酸,心中又有一种莫名的恐惧,照这

第九章 小站往事

样的速度还要走多少天？接下来我们吃什么喝什么？我心中计划今晚让司机和我爱人休息，明天让他们步行去单位报救援，我顺着灯光看见我爱人拖着铁锹向车走来，并挥动着手臂好像在说什么，我打开车门又一次掉进了雪坑，艰难地爬起后，看见了在我们正后方有好多灯在闪烁，是车吗？怎么听不到马达的轰鸣声，我期盼着久久不愿上车等待。半个小时过去了，我隐约听到了马达的轰鸣声，我盼望着能从他们车上得到一点食物，再也不愿搭车前行……

大约2个小时后，后面的汽车来到了我们这里，一共三辆小车，在此期间我们也没有闲着，早已在货车后方清理出一大片空地等待他们的到来。在灯光下我看不清他们的脸，好像一个人都不认识，突然间人群里有人在叫我，我拉着我爱人，顺着叫我的声音方向窜去，啊！原来是李局和田师傅，当时我只听到了一句"这么大的雪天不在家坐着跑什么跑"，我哽咽着回答了一句"假期满了，回单位上班"；接着我开始嚎啕大哭，至于他们说了些什么，我都没有听到；不知哭了多长时间，好像哭完了2天2夜挤压在我心中的委屈和恐慌，这时有人开始安排部署了："货车上的人员带上自己的贵重物品，把货车停靠在路旁，上车吃饭去，其余人员跟随车辆前行。"

上车后我赶紧从行囊中找出了爱人的棉裤、袜子和鞋子给他换上，2天2夜了，裤腿、鞋子冻得"咔咔"响，都无法正常行走，当我的手碰到他脚的瞬间感觉特别的冰，我害怕冻伤，脚趾头会不会掉了，赶紧撩起衣襟抱在了怀里，那种冰就像是三九天肌肤接触到了户外铁器一样的冰，特别钻心。一路上推推搡搡、走走停停，而我一直抱着爱人的脚就再没有放下去过。凌晨2点我们到家了，那夜"家里"所有成员都没有休息，先是接受了"家长"的一番"训话"；接着是"兄弟姐妹"的嘘寒问暖，这时我早已把2天2夜的孤独、无助和恐慌抛之脑后，融入到了这个温暖的大家庭里……

很久以后，有人问我：假如让你再选择一起雪灾中返岗，你会怎么做？我笑着回答，我会带上足够的食物，义无反顾地踏上征途。事情已过去了20多年，虽然那次在返岗路途中遇到了险情，但我认为，守时守信是一个气象工作者最起码的态度和职责,对那次的行为我无怨无悔。如果需要的话,我愿意把孩子也奉献给气象、奉献给果洛!

个人简历:

李雨瑛　女,1992年4月—1997年12月在中心站气象站工作,中心站气象站撤销后分配到果洛州气象台工作,现任玛沁县气象局观测员。

追　忆
山　巅

(一)

我是1982年7月参加工作的,工作好几年后,在省局招待所二楼遇到了蔡占文同学,自然就要问问他在哪里工作,他黝黑的脸,很轻松地说,他分到中心站工作了,让我很惊讶,多么好的站名,在我的头脑里立即就有个概念,他在一个州内地理位置上最中间的地方上班,相比较我在一个贵南(难)的地方上班,自己感觉很不好意思,就这样寒暄了两句就匆匆离去……

直到1987年我大专毕业以后,才知道中心站是果洛州玛沁县优云乡所在地,以前的站名叫仁侠姆气象站,是因为它处在达日县到花石峡乡中间,所以人们把这个地方就叫中心站。气象站的名称也被称过中心站气象站。每年的11月到次年3月底,优云乡干部放假了,全乡留守干部只有14余人,这时候气象站就是当地大户人家了,气象站站长就成了全乡唯一的最高行政长官。

这是一个基本站,1953年,修建了一排石头房,348.05平方米,共10间,当时由四川匠人就地取材,屋面防水选用了白铁皮,墙体纯粹是自然石材,夏季阴暗潮湿,冬季寒气逼人。远远望去,同四周的石头院墙融为一体,很不显眼,但很霸气。20世纪80年代以后,又不断修建了红砖房,整个院子里才有了不同的色彩,住房和工作用房宽敞了。气象业务主要有地面观测,工作人员有观测员以及为地面测报服务的报务员、摇电员、

第九章 小站往事

油机员还有炊事员等,在人员鼎盛时期有 24 人之多,长年形成了 24 小时三班倒制度。1992 年,程控电话开通了,电传改进了,发报的活儿也由观测员一并完成,全站的人员猛然下降到 10 人左右。全乡一直以来没有市电,各单位依靠自己的经济状况由发电机供电,站上发电主要为了业务发报和晚上 10 时前的生活照明,每晚上也没有什么文化生活,大家聚在一起,吹吹牛,喝喝酒,盼望着自己的假期到了回家看父母。地处高海拔牧区,无四季之分,通俗称为"一年一半是冬季,另一半大约是冬季"。每天晚上要连续生火取暖,要把房间的温度烧起来,取暖燃料就是牛羊粪了,燃烧时能把烟筒烧红,燃烧快,提温快,自然降温也快,因此,乘着室内暖暖时,要尽快入睡。记得是 1996 年冬季,油机出问题了,我立即组织人员下站维修,有刘中策、袁得鹏和尕才司机。当时,中心站气象站只有五个人,在洪卓华副站长的协助下,大家连续工作,次日油机恢复了运行。由于乡里没有住宿的地方,那天晚上为了让我们休息好,他们把自己的床位让出来,安排我们四个人休息,享受单间待遇,每个房间墙壁上不同程度有一指宽的裂缝,房间之间不隔音能见人。入睡前,他们给室内火炉连续添加牛粪,感觉到房间里非常温暖,可是早晨还是被一阵阵寒气吹醒,被头上是一层霜,脸盆的水结了薄薄的冰,毛巾也冻住了,炉子冰凉冰凉的。走到值班室一看,洪卓华、康永军等五人在忙着 08 时观测,后来才知道他们五人全都在值班室一起值班,等待着天亮,等待着我们自然睡醒!我深深感受到他们给予的淳朴的厚爱,我要久久的珍藏在心头!

虽说是一个乡镇,但想吃牛羊肉,喝点牛奶都很难,每年 10 月后才有分配的冬肉可食用。如果他们想吃蔬菜和水果,那就是一件奢侈的事情,由于乡镇人员少,小商小贩也不来,所以,在这里工作的人们,平常以大头菜、土豆、萝卜为主,而在漫长的冬季就是以冻菜为主了。供销社能买到水果、午餐肉、豆豉鱼罐头及花生瓜子来解解馋,也能买到西宁头曲、泸州老窖等酒,罐头、瓜子就是必备的下酒菜!

(二)

1996 年,省局分配给州局 4 名新生,她们是边秀珊、窦花、苏芬和张翠花，都来自于兰州气象学校。在西宁分配会后把她们直接从省局带到了州局，不像现在儿女走到哪里，就有父母跟随到哪里，她们在州局稍作休息后，就要分配到台站去，经州局根据台站人员情况，把边秀珊分到甘德，把苏芬和张翠花分到达日，把窦花分到了中心站。当她们知道自己的工作单位时，也没有出现多大的情绪波动，反而充满着很多好奇和向往！而她们不知道的是，达日、甘德、中心站的小伙子们特别的高兴和期盼，年轻人都到了谈恋爱的美好时机，找不到女朋友成了老大难的问题了，也是职工常常反映的一个心愿！达日站是个基本站，有地面和探空业务，工作人员多，单身小伙也多，当李卫站长给大家宣布两个组各分一个女职工这个好消息后，大家特别激动，有人立即向站长主动请缨，带班实习。随后在站长的安排下，大家分头整理宿舍、清理办公室、打扫院内卫生，人人跟过年似的翘首期盼新职工的来临！

送张翠花、苏芬和窦花的时候，我和刘中策下站，原本只能坐5人的车，挤进去了6人，下站的路线是玛沁—达日—班玛，再返回到达日—中心站—东倾沟—州局。到了达日站，大家很快把她们三人的行李取下后，我给站长和窦花交代了几句，让她在这里住三天，等我们回来后再去中心站。

当我们再次返回来后，大家一致要求把窦花留下，可是，中心站也需要人啊，我还得按州局的安排，要把她送过去，这时看到大家和她依依不舍，她也不愿意去中心站，就这样在大家祈求的眼光里我们带走了她。

从达日到中心站近90千米，全都是沙石路面，再没有翻一座山，道路非常平坦，公路两边能看见牧民的帐篷、羊群，算是给我们的视野增添了不少看点，路途中只经过了一个乡政府，看不见几个人，也没有间像样的房子。在车上给她说了一些鼓励的话，她只是默默点头，并没有真正听进去多少。大约走了1个多小时，转过一道小弯，就到了优云乡，小车到了气象站大门，车还没有停稳她就跳了下来，她跑到路边看到眼前扭曲的大门、残缺的石围墙、青石头房子，还有几条黑狗在观测场边时，两只眼里的泪水夺眶而下，这就是她心里的气象站吗？这里如何生活啊？

20岁的她，远离父母，心中抱着一个美好的理想来到了工作单位，可是被瞬间的凄凉化为乌有,美好的理想和现实的生活,差距之大,怎能不让她伤心!

(三)

1990年8月,西宁到果洛的公路改道了,由原来的必须途经花石峡乡、玛积雪山、优云乡到州府改道为经贵德县、贵南县黄沙头到州府,全程缩短了约300千米。每年10月到次年4月,很容易大雪封山,造成道路中断,改道前,有道班职工会想尽办法,打通封山道路,基本能保证道路畅通。而现在,这里就成了一个交通的死角,站上职工生病、休假出不去,在外假满的职工进不来。生活用品短缺、仪器设备故障等得不到及时解决,这些问题时常困扰着大家,也为州局的后勤保障带来困难。要想解决这些问题,最根本的办法就是撤站、分流人员。州局班子统一了意见,着手起草撤站报告,与此同时,着手向中国气象局颜宏副局长反映情况,为了能真实地反映该站的困难和职工的心愿,由铁顺富副局长借下站的机会,征求职工的意见,由我起草给颜宏副局长的报告。几天后,铁顺富副局长一行回到了州局,征求到了全体职工的意见。起草的报告主要有四部分内容:一是该站多年来艰苦奋斗、无私奉献取得的成绩;二是近年来遇到的困难和问题;三是州局的解决思路和期盼;四是全体职工和班子成员的签名。

这一天终于盼来了,1997年12月24日,青海省气象局根据中国气象局文件正式下发批文,中心站气象站于年底停止地面气象业务观测,大家的心愿就要实现,每一个人心情无比激动。

1997年12月30日,中心站气象站撤站的日子到了,我和刘中策(副科长)乘着州局尕才师傅驾驶着"金旋风"向着优云乡飞驰……

从19时45分开始,全体观测员分工做最后一次观测,我们目注着他们有条不紊地完成云(包括云属、云量)、能见度、天气现象、温度、风、压等气象要素数据的记录、查算和发报,当洪卓华副站长把日照纸换下后,不,这一次不应是"换",而是"取"下后,标志着这个时次及当天的观测项目全部完成了,这个站停止了各项地面观测业务。我们提议在气表-1最后的一页，签下这个站坚持到最后的人名！他们是：洪卓华、康永军、王国平、李雨瑛（女）、王新、刘中策和山巍。

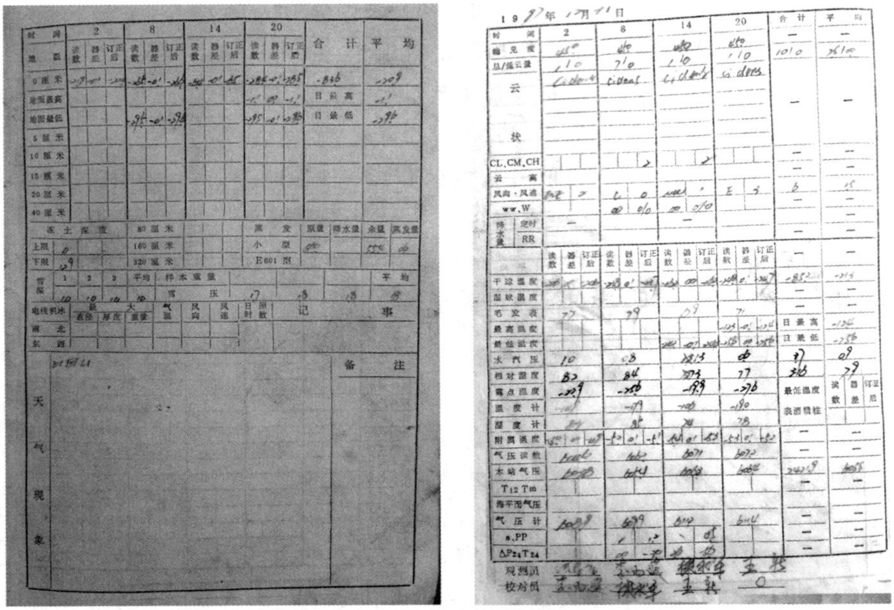

图51　1997年12月中心站气象站最后一份气表-1

1998年1月19日，中国气象报第二版头条以"敬礼，果洛气象工作者"为标题的报道，把这封信的内容选登报道了，这在职工中也引起了很大的反响。颜宏副局长还在百忙中回信，极大的鼓舞了全州气象职工，大家感觉到组织没有忘记我们，领导很关心我们的问题，我们的期盼还远吗？

5月，全站三排房子，一个温室架子，7000平方米土地及残缺的石围墙，关不上的大门等全部留给乡政府，我们搬走了观测设备、资料，还有办公设备和员工的行李，带着依依不舍、又带着迫不及待的复杂心情默默的离开了，从此，优云乡少了一些年轻人的欢笑和气象人的身影！

这个站的撤离，是对是错只有历史来认定。

个人简历：

山巅　生于1964年5月，1982年7月毕业于兰州气象学校，青海省委党校研究生，1994年11月—2001年2月，在果洛州气象局任副局长，之后曾担任海东市气象局局长、青海省大气探测技术保障中心主任、青海省气象信息中心主任，现担任青海省气象学会秘书处秘书长。

在雪山的四天三夜

山　巅　李雨瑛

1996年3月8日，我乘坐老田师傅的新车"8康"下西宁，拐道中心站气象站送业务科刘中策去值班，气象站职工李雨瑛搭车下西宁看病，捎带拉了优云乡几吨货物和蔬菜，选择的路线是S205线，走优云乡，翻阿尼玛卿山后下西宁的路线。（注：8康就是东风8吨6轮卡车，发动机为康明斯柴油机）

第一天一夜

从大武镇到优云乡距离196千米，到达时已经是下午4时左右，我们去气象站等候他卸车。气象站几名职工看到业务科副科长刘中策为他们协助业务工作，非常高兴！更高兴的是李雨瑛，她生病多日，有人来替她值班，她就可以去西宁治病了。

去年的冬季下了几场大雪，寒冷的时段刚刚过去，前方的路况如何？能不能顺利通过雪山？这些疑惑无处查询，大家只能简单分析，一是这两天看到了从花石峡过来的小车，说明道路基本能通行；二是近日没有下雪，山上不会封路。就这样凭着大家的判断我们上路了。

我们离开气象站时，已经到了日落时分，驾驶室里坐了我和李雨瑛，大厢里带了7个老乡，其中有一个10岁的女孩，他们是去西宁市给小孩治病。

大约走了10多千米，迎面过来一辆卡车，经询问大车司机，他们是从花石峡乡过来，拉了一车货，带了9个人，走了两天一夜才过来，奉劝我们要慎重！对方的话让我们倒吸了一口冷气。如果,这时候我们掉头回去也就没有后面的三天三夜了,但老田考虑到我们一行人多,又是新车,决定继续前行,连夜下西宁。

走过昌马河乡,逐渐是爬坡路段,此时已经是晚上 10 点多了,前方最关键的路段海拔大约有 5000 米,只要路面没有积雪和结冰层,应该能够过去。不知不觉有点犯困,等我迷迷糊糊睁开眼时,车继续在爬坡,灯光下飘着一点雪花,弯道上有较厚的积雪,而且,路面上出现了冰层,车速也很慢,部分路段还要停车查看后再通过。老田说,快到一道班了,可是话音未落车就不走了,下车检查,后轮陷到路面冰层里,这是由于下雪时不断积雪,天晴时表面融化再结冰,一层一层就形成了坚固的冰层路面。这也就同牧区出现的"白灾"一样,牛羊吃不到草的原因所在啊!

老田看了看原因,上驾驶室挂 1 挡,挂倒挡……大车的两组后轮无法使劲,整个车也不晃动,费尽周折没有好办法,只能等到天亮以后再想法子。我们三人就坐在驾驶室休息,车厢里的老乡解开皮袄就睡下了,厚厚的羊皮袄就是一个睡袋,解开后头和脚裹得严严实实,不会挨冻。我们虽在驾驶室,根本抵御不了寒冷,时不时要把车启动一会,好不容易熬到了凌晨 3 点,气温变得越来越低,老田把他的蓝大褂给我们盖到腿面上,但无济于事,我们被冻得再也无法安稳休息,这时候想到了前面不远处的一道班,那里的房间里也许能御寒,于是,三人下车,老田从油箱里侵了一块油毛巾,摸索着向道班走去。寒冷的夜,万籁俱寂,三人喘着大气,走了大约 30 分钟就到了一道班,一道班有一排房,无人值守,我们砸开一间门,里面几乎是空的,幸好有一个烂桌子,可以用来取暖,三个人围着地面燃烧的柴火取暖,前心热后心冷! 同时,用易拉罐烧了几罐雪水,吃着李雨瑛带的唯一一个大饼,思考着天亮以后的事。

第二天二夜

好不容易坐到了东方吐白,看看天空也不是好天气,匆匆吃了一点昨夜剩的大饼,这时才慢慢看清了路况和昨夜的场景,心想着还要向前走,必须要把车开出来。路边的砂石被雪封住了,又找不到一件像样的工具铲砂,便拿了一把螺丝刀,还可以从路边刨些沙土,再撒到后轮下,断断续续,折腾到下午车辆才前行了 5 千米,再次陷入冰层路面,前方还有最艰难的阿尼玛卿雪山路段,我们微薄的努力,通过去的想法变得越来越难以实现了。这一天没有遇到一辆车从对面开过来,只有玛多县政府的尼桑越野车绕过我们的大车,扭秧歌似的慢慢远去! 下午4时,下雪了。我们决定掉头返回大武镇,由于车长路窄,又是冰层路面,先铺砂石再掉头,这一次掉头耗时半小时。

大约走了 6 千米,在一个转弯处由于路面冰层车无法前进了。我们白天没吃没喝,现在该"下班了",拖着疲惫的身体,再次来到一道班解决吃饭和休息的问题。

那一夜,雪下个不停。

一道班来了一个值班人员,他遗憾地说,现在只有面和冻土豆,让我们自己做饭凑合着吃一点。巧妇难为无米之炊,李雨瑛先融雪水再揉面,很快做好了一锅清水面片,虽然没有油水,也没有菜,可我们围着火炉吃得津津有味! 值班室里没有多余的床给我们睡觉,只能坐等天明,比起昨夜在旁边的房间暖和多了。

第三天三夜

天亮了,可是天空不作美,风忽大忽小,风裹着雪花越下越大,返回的行程受阻,车上没有防滑链、铁锹等工具。怨天怨地都是无用,只有想办法,车头滑偏了,就用两个千斤顶来摆正,先在前轮边砸小坑,一个千斤顶垂直顶起来,再用另一个千斤顶斜着顶,把车头一点一点挪到位。四周白茫茫一片,不见任何生物,我们在大自然中显得多么渺小。风在吹,雪在下,但为了摆脱困境,我们始终不懈努力,路面上积雪有 30 厘米,刚挖出两条轮道,一阵大风,就填平了,再继续清理轮前积雪,只要稍微有几米的距离,就向前走一点,车打滑了,垫大衣、垫毯子,可垫进的毯子随着轮子转动,眨眼就飞到后面去了,这时想拿绳子试着绑一个防滑链,经过反复的使用,起到了一些作用,老田开车,我随着车走,防滑绳堆到一起了,再重新绑,就这样一步一步,我们的车开出了阴坡路段,心里无比激动!

可是,当车走到离三道班还有 1 千米的一个涵洞桥时,大车滑出了路面 10 多米,我们折腾了好几个小时,都是劳而无功。天黑了,雪也不下了,我们思前想后也该"下班了"。老乡们继续在车厢里睡,我们三人去三道班投宿。

夜空下,我们拖着沉重的脚步,抱着一丝希望,揣摩着走在路上,大约走了半个多小时才看见三道班微弱的灯光,心里增添了不少喜悦!

三道班住守的是李班长和他妻子,看到我们落荒进门也非常热情,他们一边安慰我们一边开始做饭,并且要帮助我们把车开出来!一整天没吃食物,只吃了些雪,闻着清汤面的香味,才感觉到肚子饿了。

他们的房间只有一张单人床,在主人的安排下,三个男人睡床上,给她们两个女人临时用门板支了一张床。那个晚上我们挤在一张铺着羊皮的小床上,鼾声如雷,是两天来睡得特舒服的一夜!李雨瑛捂着冻伤的脚,听着我们的鼾声,辗转反侧、夜不能寐,只能默默忍耐。

第四天

这一天我想到了报救急,能发出救急信号的地方只有昌马河线务段,离我们 15 千米,可是救援的车来了,还不要等 2 到 3 天?看来还是要靠自己、靠现有的人了!我们吃了早餐后,精神倍增,李班长扛上工具,我们向陷车的地方走去。

由于收了老乡的钱,前三天他们不帮忙,我们挖雪时,他们躺在雪地里看"热闹"。饿了吃点炒面,渴了吃点雪,困了就睡在车厢,不急不慌!到了这一天,他们看到小孩病情加重,不免有些焦虑,这时候才开始帮我们铲雪、端砂、铺路,人多力量大,经过几个小时的努力,我们用砂石铺好了两条 10 多米的车履道。

由于天冷导致大车油路不畅,因此要拿火把烤油箱,再烤油路,并在进气口处引火启动,经过多次努力,大车终于启动了。慢慢加油、大家鼓劲推车,车开始动了,再加油,终于把车开上了路面。大家高兴的欢呼成功解困!我们谢过李班长两口子后,于下午 5 时回到了中心站气象站,回到了气象人的家。从 3 月 8 日出去,11 日返回,王新、刘中策等人看到我们回来,很惊讶,为什么这么快就回来了?

真是一言难尽啊……

四天来,吃的少喝的少,每个人身体都透支了,最美的就是好好睡一觉,当他们摆上美酒和几样罐头时,我虽然食欲不振,但是盛情难却,吃了点菜和一碗面条后,就去睡觉了,第二天醒来时,自己的嘴唇上开始出现了水泡……

这一趟,我又在职工让出的宿舍住了一夜。

人的意志是非常坚强的,在海拔 4800 米的地方,不吃不喝,还能下苦出力,靠的是你强大的信念和意志!

人在大自然面前显得非常渺小和无能,但是凭人的智慧和合作,把每个人的力量汇聚起来时,梦想就能成真!

人不能鲁莽行事,要具备科学的思维能力,知彼知己,百战不殆!

一次难忘的气象服务

尼 亚

经历过的事,如果不常常提起,会从记忆中淡忘,然后变成无人知晓的事。青海省气象局气象志编辑部的同事提议让我写一些关于果洛州中心站气象站的事,自己不知从何写起,因为到果洛工作时,中心站气象站已经撤站。每次路过优云乡时,知情的同事告诉我,路边石头砌起的围墙和几间破旧的土木结构瓦房,曾经是中心站气象站,每次与他们喝酒聊天时,知道里面发生过很多故事。但自己未曾经历过就始终无法下笔,因同事的再三催促,翻开自己的电脑相册,找回点儿记忆,果然奏效,几张气象服务的照片和一篇通讯报道,勾起我一段回忆。

我于 2008 年 2 月和 2015 年 1 月先后两次去过优云乡开展雪灾调查和气象服务工作,记忆较深的一次是 2008 年的雪灾气象服务工作,当时我代表果洛州气象局在海拔 4200 多米的优云乡,向省、州政府抗灾救灾工作小组领导汇报了雪灾实况及气象服务工作情况,得到在场领导的高度评价。

2008年1月18日起,全州各县普降大雪,降雪量之大、持续时间之长、积雪深度之厚、降雪天数之多都为历史罕见,这使抗灾、救灾工作面临着严峻的形势。2月中下旬以来,省委省政府、州委州政府和各县委县政府连续派出工作组对全州六县44个乡镇进行了雪灾调查和抗灾救灾的检查指导工作。气象局作为工作组成员之一,也对所调查地区的雪灾情况进行了实地调查和监测。根据调查和分析显示:元月下旬降雪量均突破各县有气象记录以来的历史极值,除久治是50年一遇外,其他各县均为百年一遇。果洛州相继出现了达日县特大雪灾,玛沁县、玛多县重度雪灾,甘德县、久治县中度雪灾,班玛县轻度雪灾的灾害天气。从全州44个乡镇实地调查来看,其中12个乡镇出现了特大雪灾(以DB63T/372—2001为准),15个乡镇出现了重度雪灾,11个乡镇出现了中度雪灾,6个乡镇出现了轻度雪灾。特别是雪灾非常严重的达日县桑日麻乡、莫巴乡等地区,雪灾发生已经40余天,许多牧委会仍不见一块足以牧畜的裸露草地,阴坡和平滩草地平均雪深仍在36厘米以上,阳坡平均雪深也在10厘米以上,全州雪灾形势依然非常严峻。

工作组从2月20日起每天早上八点出发,到晚上十一二点休息,从玛沁县开始,到甘德、达日县、玛多连续几天对沿途所有乡镇进行了调查和抗灾救灾安排部署,慰问受灾群众等工作,25日本打算去达日县的莫巴乡,上午11时到达离乡镇20千米左右,由于积雪太厚,冰天雪地,无法辨认路况,加之部分车辆滑进积雪中无法出来,于是只有大家边挖积雪边推车,退回到县城,到达县城已是晚上十点多,然后,连夜赶到州上召开全州抗灾保畜工作会议。26日,又继续去玛沁县的当洛乡、当项乡、优云乡(中心站)等乡镇,到达优云乡时杨英副州长说,中午吃饭时你简单向邓本太副省长汇报一下雪灾情况。于是我就根据灾情实况、与历史资料对比分析、卫星遥感积雪监测情况以及开展的气象服务工作等方面进行了专题汇报,听完汇报后,邓副省长高度评价了雪灾期间的气象服务工作,他说:"每次出现重大气象灾情时,气象部门能及时、准确提供优质服务,州气象局在此次雪灾期间发挥了极其重要的保障作用,预报准确、服务及时周到、提供的资料详实、齐全,对防灾抗灾做出了积极的贡献。"同时,得到州委书记林亚松在内的所有领导的一致好评。带的不多的汇报材料,也被各部门的领导、记者们一抢而空。会后,在路过一堆石头围起的围墙旁时,我默默地感慨,虽然这里的中心站气象站已经撤了,但气象服务依旧在……那是中心站气象站的旧址。在此,将我当时根据各站提供的灾情实况、监测数据、遥感资料、省州气象台的预报预测撰写的汇报材料和部分照片附上,以示对曾经在此工作生活过的同事和一代代高原气象人长期扎根"世界屋脊",服务于青藏高原上的广大农村牧区,不畏艰苦,默默无闻,忘我工作的敬意。

个人简历:

尼亚 2005年从玉树州气象局调到果洛州气象局工作,历任玉树州气象局业务科科长、办公室主任、果洛州气象局纪检组长、副局长等职,现任果洛州气象局副局长。

峥嵘岁月里孕育着的"气象梦"
胡长元

2018年4月29日,玉树州气象局的同事达哇姐姐通过微信给我转发了一张十年前玉树州清水河气象站的集体照片,说是称多县气象局的张青同志在整理资料时无意中看到后发给她的。这让我感到很意外也很感动。看着照片中身着厚重的军大衣、留着长发的自己,看着照片中一张张熟悉而又亲切的面孔,不禁回想起了当年在清水河工作和生活的一

幕幕场景。恰逢前一段时间,青海省气象学会山巍同志跟我谈到正在整理中心站回忆录的事,同时,也回忆起几年前,路过中心站气象站旧址时,看到的破旧的院落,联想起前辈们讲述过的关于她的辉煌历史和动人故事。虽然,我参加工作时,中心站气象站已经撤销了,但是,以自己在清水河多年工作生活的亲身体验,仿佛看到老一辈气象工作者们在那些峥嵘岁月里在中心站气象站默默奉献的身影。

我想,那段苦涩而又美好的历史,牵系着很多有着相同经历的气象人的难忘回忆。那段艰苦台站的生活,无声地记录着很多气象人曾经的无悔付出,承载着他们太多简单而又执着的梦想。

同为艰苦台站,中心站气象站和清水河气象站,分别"据守"在巴颜喀拉山的北麓和南麓,直线距离 200 千米左右。清水河气象站建于 1956 年 8 月,海拔高度 4415.4 米;中心站气象站建于 1959 年 8 月,海拔高度 4211.1 米。两个站,不同的人,为了同一份事业,如同一对难兄难弟:老兄叫"034",小弟叫"041"。虽然见不了面,但是"兄弟俩"每天都在通过无线电台的电波"互动交流"。1997 年 12 月"小弟"完成了历史使命光荣撤站。时隔 20 年后的 2017 年 12 月,"老兄"仍然坚守在巴颜喀拉山的南麓,可喜可贺的是实现了无人值守。

为了再现那些失去的时光,补充中心站气象站曾经的工作生活纪实记录,我怀着一丝欣慰和难掩的心酸,用一根拙笔,回忆一下我在清水河五年的工作和生活时光。

人生多么像是一部自编自演的电视连续剧。十多年前,我们四位同学一起,走出校园初入社会,就踏上了这块陌生的草原,这个海拔 4415 米的名叫"清水河"的小镇。没有电,我们自己发电;没有水,自己摸索着到深井里去打;没有暖气,自己学着生炉子;没有烧的,就拎着袋子走到草原上捡牛粪。整个小镇上找不到一家理发店和淋浴的地方,所以总是长发飘逸的、几个月不带洗澡的。总是盼着回家,可真的轮到休假了,却发现找不到可以载着回家的车;揣着叫做工资的钞票,却找不到可以消费的地方;一年四季里,常常是大雪纷飞、白雪皑皑。苦是苦了点儿,但是那些年的日子里照样觉着过得开心富足。也是在那里,我们都得到了锻炼和成长。

第九章 小站往事

时过境迁,如今清水河已成为一段国家级有人值守艰苦站的历史,一个容纳太多人难以忘却的珍贵记忆的盒子。我把最美的青春留在了这片草原,它于我而言,甚至比莫言笔下的那片红高粱地还要鲜活和非凡。

那些日子里,我们拼了命地把日子过成美好的模样。我们把草原当作最舒适的床,把触手可及的白云当作最温暖的棉被。我们在草地上追逐嬉戏,我们寻找着每片花海然后恣意翻滚。我们在每一个山头上放声高呼,我们在草原上唱着藏歌跳着锅庄。我们常年驻守在清水河畔,我们把那湾多情的清水河当成最好的伙伴。我们冒着严寒骑着摩托去采购生活物资,我们骑着摩托在草原上风驰电掣。我们把每年只有七月份才有的黄蘑菇视为草原最好的馈赠,我们把采蘑菇当成最好的娱乐和最美的期盼。我们抠下一撮酥油,拌上一碗炒面,咬下一口糌粑,喝上一口酥油茶,觉得这就是舌尖上的美味。我们喝着七八十度的开水,我们吃着高压锅压成糊糊的面条,依然能精神焕发。我们在零下三四十度的严寒中,手握观测记录本和铅笔记录着大地的温度。我们在夹杂着豌豆般大小冰雹的倾盆大雨里,抱着雨量桶冲出去观测降水。我们每每极目远眺最远的雪山,估量着它的距离,记录下那个叫做能见度的值。我们仔细观察并记录着每朵白云的体貌特征。我们观测着风雨雷电雪,我们记录着牧草的生长发育特征。我们颤颤巍巍地爬上十多米的风杆,换上修好的风向风速仪。我们独自一人在那间小小的值班室里熬过一个又一个的黑夜,不曾间断一秒地埋头采集着一个个的原始数据。我们驱车至百公里外的无人区,耐心等待着积雨云移近,然后冷静地发射出三江源人工增雨火箭弹。

我们站直了就是一座风塔,丈量着天把控着地。我们倒下了就是一株小草,闻一闻花香打探一下产量。我们为能成功采集到宝贵的气象数据而骄傲,为曾经的付出感到无怨无悔。

如果有一天,你看见我在发呆,不要打扰我,可能是我想起了某个难忘的瞬间。如果有一天,你看到我在莫名地流泪,不要笑话我,可能是我回忆起了一点点的辛酸。如果有一天,你看到我沉默疏远了,可能是我感到了某种陌生的隔阂。倘若你不明白我,我丝毫不会怨你。你若真想懂我,其实也很简单,带上一点行李,到乡下站采足一个月的风。然后回来,我俩沏上一壶茶,无言相视坐着,我想,此刻,你会懂我;而我,肯定也懂你。

清水河编织有我太多的故事尘封在了心底,容我将来慢慢去咀嚼回味。一晃就老了,全都走散了。曾经在清水河并肩战斗的同事,除了退休的同志,都已成为了我省气象部门不同战线上的骨干。

愿在中心站、清水河气象站以及其他艰苦台站工作过、生活过的每一个人,记住历史、不忘初心、展望未来、砥砺奋进,为实现我们心中那份美好的"气象梦"而继续前行!

最后,很想说:战友们,我想你！战友们,多保重!

个人简历:

胡长元　男,中共党员,汉族,籍贯青海乐都,于2005年6月毕业于青海民族学院,2005年7月参加工作。2017年9月起于成都信息工程大学攻读农业信息化专业硕士研究生。先后在青海省玉树州称多县清水河气象局、青海省玉树州气象台、青海省气象信息中心工作。

附 录

附表1 1959—1997年中心站气象站人员表

序号	姓名	性别	在站工作时间	学历	专业	职称	承担工作
1	毛华寿	男	1959年8月—1962年10月	高小			站长
2	付润波	男	1959年6月—1964年10月	初中	短训		观测组长
3	叶志亨	男	1959年8月—1960年8月	初中			观测员
4	陈侠生	男	1959年6月—1962年12月	初中			通测
5	马景珍	女	1959年8月—1960年6月 1969年3月—1983年退休	初中			观测员
6	沈慧清	女	1959年8月—1960年6月	初中	短训		通测
7	卜宪奎	男	1959年8月—1973年11月	初中	短训		观测员
8	从明理	男	1959年6月—1962年4月				摇电员
9	陈庆有	男	1959年6月—1962年10月	初中			摇电员
10	陈树章	男	1962年10月—1969年9月	高小			摇电员
11	王子瑞	男	1968年10月—1974年5月	初中			摇电员
12	杨相同	男	1959年8月—1959年10月	初中	短训		通测
13	窦金南	男	1959年8月—1960年	中专			通测
14	朱伟荣	男	1962年11月—1963年8月	中专			通测
15	徐永贤	男	1961年11月—1962年5月	中专			通测
16	胡浩群	男	1959年11月—1962年5月	初中	短训		通测
17	徐旭初	男	1959年6月—1959年7月 1963年9月—1969年11月	中专			通测 负责人
18	汪锦霓	男	1963年9月—1969年11月	初中	短训		通测
19	甄玉良	男	1966年4月—1969年5月	中专			观测员

续表

序号	姓名	性别	在站工作时间	学历	专业	职称	承担工作
20	马钰	男	1963年8月—1975年8月	中专			业务负责人
21	刘秀琴	女	1969年5月—1976年10月	中专			报务员
22	曹子俊	男	1961年—1962年5月				摇电员
23	陆明达	男	1965年1月—1969年5月	中专			通测
24	陈俊杰	男	1969年6月—不详				通测
25	张遗生	男	1969年9月—1979年4月	中专			观测员
26	郑炎才	男	1969—1978年	初中	短训		观测员
27	王连银	女	1969—1977年	初中	短训		观测员
28	阳上林	男	1970年—不详				站长
29	孙福中	男	1961年12月—1981年1月	中专			站长
30	俞厉生	男	1969年9月—1982年4月	初中	短训	助工	观测员
31	冉之厚	男	1963年4月—1963年6月	高中	短训		观测员
32	郭华	男	1975年9月—1982年10月	高中	短训		报务组临时负责人
33	张秀仰	女	1975年10月—1983年11月	初中			观测员
34	杨芙苓	女	1976年12月—1979年2月	高中			观测员
35	李群	女	1977年1月—1982年3月	初中			观测员
36	邓春兰	女	1976年12月—1982年10月	初中			观测员
37	徐顺塘	男	1980年1月—1982年11月	初中			观测员
38	罗俊武	男	1980年6月—1981年1月	高中			带徒
39	王海青	男	1980年6月—8月 1985年9月—1986年7月	初中			带徒 报务员
40	裘健	男	1980年3月—1988年9月	初中			观测员
41	朱永宁	男	1980年6月—1985年12月	初中			观测员
42	董步礼	男	1981年6月—1985年9月	初中	短训	助工	站长
43	郭仁先	男	1981年9月—1983年12月	中专		技术员	观测员
44	冯大仓	男	1981年9月—1984年10月	中专		技术员	观测员

续表

序号	姓名	性别	在站工作时间	学历	专业	职称	承担工作
45	蔡占文	男	1982年9月—1988年6月 1986年6月—1988年6月	中专		技术员	观测员 副站长
46	国莉芸	女	1982年9月—1985年7月	高中	短训		报务员
47	华贡加	男	1979年10月—1985年9月	初小	培训		摇电员、报务员
48	陈学义	男	1973年12月—1985年8月	初中			摇电员
49	石金雄	男	1983年8月—1986年9月	中专			观测员
50	魏国志	男	1983年8月—1984年10月	中专			观测员
51	沙玉英	女	1983年8月—1985年1月	中专			观测员
52	徐理英	女	1983年8月—1984年9月	中专			报务员
53	张国庆	女	1983年12月—1988年8月	中专			报务员
54	李悟林	男	1984年6月—1987年9月	中专		技术员	副站长
55	李卫	男	1984年8月—1986年11月 1991年11月—1993年6月	中专	气象	技术员 助工	观测员 副站长
56	万民安	男	1984年10月—1987年9月	中专	通测		报务员
57	邓小聪	男	1984年10月—1994年12月 1991年8月—1994年12月	高中	短训		观测员 副站长、站长
58	钱律	男	1984年10月—1985年11月	初中	短训		观测员
59	王湘源	女	1984年10月—1985年9月	初中	短训		观测员
60	李学文	男	1985年8月—1987年5月	中专	气象	技术员	观测员
61	张宗贵	男	1985年8月—1991年7月 1988年6月—1991年7月	中专	气象	技术员	观测员 副站长
62	刘光洪	男	1985年8月—1988年4月	初中	短训		报务员
63	廖桂林	男	1985年8月—1988年2月	中专	气象	技术员	观测员
64	薛江	男	1985年8月—1987年4月				油机员
65	袁得鹏	男	1984年10月—1994年7月	高中	短训		油机员
66	吕辉	女	1986年7月—1989年7月	中专	气象	技术员	观测员
67	李葵花	女	1986年7月—1989年4月	中专	气象	技术员	观测员

续表

序号	姓名	性别	在站工作时间	学历	专业	职称	承担工作
68	乔兰措	女	1986年7月—1990年7月	中专	通测	技术员	报务员
69	卓玛措	女	1986年7月—1991年9月	中专	通测	技术员	报务员
70	易智勇	男	1986年7月—1988年7月	中专	气象	技术员	观测员
71	坎卓吉	女	1986年7月—1988年10月	中专	气象	技术员	观测员
72	陈雅慧	女	1986年7月—1987年9月	高中	短训		观测员
73	张茂	男	1986年7月—1987年7月 1987年7月—1991年8月	中专	气象	技术员	观测员 副站长、站长
74	张强	男	1987年9月—1995年7月	中专	邮电	技术员	报务员
75	苏炯	男	1987年8月—1991年6月	中专	气象	技术员	观测员
76	郭林	男	1987年8月—1991年4月	中专	气象	技术员	观测员
77	贺海成	男	1987年8月—1988年9月	中专	气象	技术员	观测员
78	李积芳	女	1987年8—9月	中专	气象		观测员
79	汤建新	男	1987年9月—1989年7月	高中	短训		观测员
80	严发秀	女	1988年7月—1991年7月	中专	气象		观测员
81	周成	男	1988年7月—1992年9月	中专	气象		观测员
82	李玉花	女	1988年7月—1992年9月	中专	气象		观测员
83	田常有	男	1988年7月—1989年7月	中专	气象		观测员
84	马永泉	女	1988年6月—1989年8月	中专	气象		观测员
85	康俊生	男	1989年8月—1991年7月	中专	气象		观测员
86	郑英贤	女	1989年6月—1994年12月 1994年12月—1997年11月	中专	气象		观测员 副站长
87	王万贞	男	1989年6月—1994年10月 1994年3—10月	中专	气象		观测员 站长
88	冶建席	男	1989年6—8月	中专	气象		观测员
89	祁先林	男	1989年9月—1994年3月 1994年3—10月	中专	气象		观测员 副站长
90	李万军	男	1981年8月—不祥		报务		短训班

续表

序号	姓名	性别	在站工作时间	学历	专业	职称	承担工作
91	谢日措	女	1990年6月—1996年9月	中专	气象		观测员
92	程海林	男	1990年6月—1996年9月	中专	气象		观测员
93	王新	男	1990年12月—1998年3月	中专	气象		观测员
94	王国平	男	1991年7月—1997年12月	中专	气象		观测员
95	梅豆改措毛	女	1991年7月—1995年10月	中专	气象		观测员
96	蓟尚玛	男	1991年7月—1993年9月	中专	气象		观测员
97	安才让	男	1991年7月—1997年8月	中专	气象		观测员
98	李雨瑛	女	1992年4月—1998年6月	中专	气象		观测员
99	洪卓华	男	1992年4月—1994年12月 1994年12月—1997年12月	中专	气象		观测员 副站长
100	康永军	男	1995年7月—1998年1月	中专	气象		观测员
101	窦花	女	1996年7月—1997年12月	中专	气象		观测员

附表2　经纬度与海拔高度变更表

变动时间	变动内容	变动依据
1964年	观测场海拔高度变更为4308.3米	〔1964〕青气观字125号文通知,以西宁站气压值计算海拔高度
1964年	观测场海拔高度变更为4284.4米	〔1964〕青气观字第495号文"关于更改海拔高度的通知"
1965年	观测场海拔高度变更为4211.1米	〔1965〕青气观字第229号文通知,海拔高度由解放军兰字389部队实测
1970年	经度、纬度由建站时的99°01′E、34°29′N,变更为99°12′E、34°16′N	青海省气象局提供,根据总参1969年测绘的一百五十万之一地形图(1970年第一版)查得

附表 3　观测项目变更表

变动时间	变动内容	变动依据
1960 年	5 月 22 日,拍发预约航空报	青海省气象局文件
1961 年	5 月 1 日改八次为四次(05、08、14、17 时)发报。 9 月 1 日百叶箱高度由 2 米改为 1.5 米。 10 月 5 日雨量筒高度由 2 米改为 0.7 米	〔1961〕青气观字第 047 号文指示 青海省气象局文件 青海省气象局文件
1962 年	4 月 17 日中心站气象站停止工作。 5 月 11 日起恢复工作,每日进行四次气候观测。 5 月 21 日 02 时起增加四次天气发报观测(即 02、08、14、20 时)	4 月 16 日接玛沁县委精简办公室通知 5 月 11 日接果洛州气象局通知 青海省气象局文件
1965 年	5 月下旬修建观测场外放置日照计与目测用约 2 米高的平台； 6 月 30 日完成观测场搬迁； 7 月 1 日开始进行新旧观测场址对比观测；10 月 1 日告别野外观测场	〔1965〕青气观字第 125 号文
1966 年	7 月 1 日气压表换型由高山福丁式更换为高原动槽式水银气压表,新增气压计。 12 月 1 日,因高原动槽式水银气压表槽部漏水银换为高山福丁式	仪器改制
1967 年	3 月 1 日改为 08、14、20 时三次观测夜间不守班	青海省气象局文件
1968 年	5 月 1 日取消维尔达风压器的使用,换型为 EL 型电接风向风速器	仪器改制
1970 年	9 月 1 日气压表换型,由高山福丁式换为高原动槽式水银气压表	仪器改制
1972 年	2 月 1 日加风向风速记录器,开始编制风向风速自记记录报表(气表-6)	仪器改制

续表

变动时间	变动内容	变动依据
1978 年	8月1日安装小型蒸发皿,增加小型蒸发观测项目	青海省气象局文件
1979 年	5月1日参加高原气象科学试验,增加地面0厘米温度表观测项目。 9月10日停止地面0厘米温度表观测	〔1979〕青气字014号文件通知 〔1979〕青气字014号文件通知
1980 年	1月1日安装地面最高温度表、地面最低温度表、冻土器,增加地面最高、最低温度表、冻土观测项目,恢复02、08、14、20时四次观测,夜间守班,重新观测地面0厘米温度	青海省气象局指示执行新规范
1986 年	2月开始使用PC-1500计算机,处理数据,编报	青海省气象局文件

后　　记

　　一年来,捡了很多中心站气象站的记忆,能够展现给大家了,我们感觉非常欣慰。

　　从1959年6月筹建到1997年12月撤站,历时三十八年零七个月,把这段时间取得的气象数据、工作业绩及生活花絮给予梳理。

　　观测的碉堡、生活的宿舍、原野的狼群,雪山泪、黄河鱼、冻土豆、皮帽子、藏獒——"伴"等,光阴荏苒、历历在目,唤起了多少人酸甜苦辣。

　　有人似过客,有人似庄主,记录的气象数据一页又一页,一本又一本;那一次次的报文,在天地间传送,产生了可喜的成就;那一个个少男少女,无怨无悔,谱写了自己青春的芳华。

　　近四十年的坚守,得到了各级部门的肯定和认可;辛勤的耕耘,换来了组织上的赞誉;虽然有些人过早地离开了人世间,但他们观测的气象数据永远定格在那里,支撑着多年的平均值。

　　回忆是美好的,回忆也是痛苦的;你的青春记忆我们收藏,在此深表感谢;那里还有许多不平凡的故事没有征集到,我们为你留下空间,你来填写。

　　当我们在时光隧道瞬间穿过后,也许什么都没有留下;当以后的人们发现过去有一个叫中心站气象站发生了一串串故事时,就是对这些人莫大的安慰。因为,他们把尘封的记忆打开了!

山巍

2017年12月31日